大树免修剪 移植技术

Pruning-free Transplanting Technique of Big Trees

张乔松　周先武　李光华

陈东义　周亚林　曾国平　著

中国建筑工业出版社

图书在版编目（CIP）数据

大树免修剪移植技术 = Pruning-free
Transplanting Technique of Big Trees / 张乔松等著
.—北京：中国建筑工业出版社，2023.10
ISBN 978-7-112-29258-5

Ⅰ.①大… Ⅱ.①张… Ⅲ.①木本植物—移植 Ⅳ.
① S725

中国国家版本馆CIP数据核字（2023）第184148号

责任编辑：兰丽婷　李　杰
责任校对：姜小莲
校对整理：李辰馨

大树免修剪移植技术
Pruning-free Transplanting Technique of Big Trees
张乔松　周先武　李光华　陈东义　周亚林　曾国平　著

*
中国建筑工业出版社出版、发行（北京海淀三里河路9号）
各地新华书店、建筑书店经销
北京海视强森文化传媒有限公司制版
天津图文方嘉印刷有限公司印刷
*
开本：787毫米×1092毫米　1/16　印张：11½　字数：188千字
2023年11月第一版　2023年11月第一次印刷
定价：**125.00**元
ISBN 978-7-112-29258-5
（41913）

内容简介

CONTENT ABSTRACT

大树免修剪移植技术是一种以抗蒸腾剂技术代替移植修剪为特征的全新的大树移植技术体系。它吸纳了中国古代的树木移植技术和理念以及国际上先进的移植技术，免去传统移植技术中必不可少的枝叶的大量修剪，最大限度地保留树木完整的树形美态，并结合土球包装技术、树体保护技术、土壤透气技术、促根技术等的综合运用，使树木移植的成活率和树冠完好率均达到较高水平，且树木生长恢复快，从而能够较快地实现绿地的生态效益，取得良好的景观效果。

本书共分六章，第一章：免修剪移植技术的特点，系统比较了大树免修剪移植技术与传统大树移植技术的优缺点，以及免修剪移植技术的应用前景。第二章：免修剪移植技术的原理，回顾了我国古代移植技术的精髓和启示，以及免修剪移植所包含的抗蒸腾剂技术、土壤透气技术、防腐促根技术、土球开挖与包装技术、树干与树冠保护技术等技术。第三章：免修剪移植技术的实施程序，详细介绍了大树免修剪移植技术从计划、选苗、起苗、土球开挖与包装、苗木吊装、苗木运输、苗木卸车到苗木种植和养护的各个工序细节。第四章：其他的树木培育和移植新技术，介绍了大树的裸根免修剪移植技术、机械化土球挖掘技术、容器苗育苗技术、止根容器育苗技术、半容器育苗技术，同时介绍了适龄移植技术——阐述了乔木苗木出圃定植适宜年龄的原理和标准。第五章：乔木苗木生产标准，介绍了目前国内外相关乔木苗木的生产标准，并对今后我国乔木苗木育苗标准进行了讨论。第六章：整体移植，阐述了超大树木和古树名木整体移植的概念与标准，选取国内近年整体移植的案例进行分析和总结。

本书对风景园林行业的主角——乔木大树的育苗、移植、修剪、养护提出了新观点、新理念、新技术和新实践，将对我们风景园林产业链的升级换代和技术进步有一定的启发作用和积极意义。

序 一

PREFACE I

一直以来，期待着张乔松先生能将其近些年在多次相关的学术研讨会、高端论坛、专业技术培训班上的演讲、授课结集成书，以助业内外同仁和从业者学习借鉴。如今佳作问世，可喜可贺！

这是一部由中国建筑工业出版社出版，名为《大树免修剪移植技术》的园林绿化类专业工具书。观其名，必归科学技术普及类图书。察其实，远非就技术谈技术那么简单。细细品读，此书有一条自然界生态伦理红线深深地贯穿其中——全书字里行间，无不是以树木为载体，充满着对尊重生命的呐喊；以"免修剪移植"为话题，洋溢着让树木乃至一切生物有尊严地生存和健康安全生长的企盼与呼吁。

有学者云："一棵树就是一个生态系统"。此言不虚，值得点赞！

但如何让这样一个生态系统——从一棵树到一片林，从一条路到一个园，从一隅绿地到一座城市——健康而非脆弱，美丽而非衰颓，长久而非夭折，平安而非危困，充实而非空虚地立足于每一座城市，根植于每一片绿地？

种树植绿的求真务实之路并不平坦。

很长一个时期，人们总是以"种大树，见大绿，实现大绿化"的一厢情愿和急切心态，为理想化追求；以强修剪、大抹头的野蛮操作为理所当然且习以为常。这是一条十分愚蠢，以"草菅树命"、消减甚至破坏生态为代价的恶性循环之路。结局总是以得不偿失，事与愿违而告终。面对此情此景，人们需要另谋良策，植树需要另辟蹊径，还树木以与环境相融相亲的原真的面目，让国土绿化的主体——树木的生态和景观功能得以充分地体现和完美地彰显。

对此，"大树免修剪移植技术"以成功的生产实践和范例给出了行之有效的答案。《大树免修剪移植技术》一书以推陈出新的系统论述和全新见解给出了科学诠释。

全书内容包括"免修剪移植技术的特点、免修剪移植技术的原理、免修剪移植技术的实施程序、其他的树木培育和移植新技术、乔木苗木生产标准、整体移植"共6章33节，随文附彩色插图300余幅。全书内容丰富、图文并茂，理念新颖。既有颠覆传统之感，又不失客观理性地吸纳并传承前人经典之优；既与国际接轨、适度吸纳外来先进理念与标准，又不完全生搬硬套，更加强调和重视本土的规范与需求。将一个原本受众面较窄且内容枯涩的行业理念和专业知识以情理交融、深入浅出、严谨精准的行文付诸页面，将生产实践中成败得失对比强烈的视觉冲击和经验教训化解为易读、易懂、易行的科普型图文知识。

此书虽名为"大树免修剪移植技术"，但作者同时将植物保护的理念贯穿全文，自始至终彰显了将传统的比较单纯的病虫害防治观念关口前移，以标准化优选树苗和科学的种植工程，将树木有害生物防控从末端推向源头，并强化了以精准的抚育养护为手段，以树木健康和安全生长为核心的全过程治理，突出了树木（在此可泛指各种植物）的本底、本性、本色和本源。这与当前园林植物保护正在倡导的"全域保护——大植保"理念十分契合。

总之，通览全书，这是一本卓具学术性、科学性、创新性、实践性，名实相符的佳作。更是内涵丰富，书中之"实"远胜于书面之"名"的力作。真正是一书在手，开卷有益。业内业外，无论是学习借鉴，抑或是参考应用，此书均值得一读！

古人云："顺木之天，以致其性"（唐·柳宗元《郭橐驼传》）。

张乔松先生以四十余年园林绿化工作之经验积累，复以深涉"大树免修剪移植"十余年实践体验和专业知识之沉淀，为此著书立言，可谓已是深悟此道。识树如人，"爱树若子"，善莫大焉！

值此张乔松先生佳作付梓之际，蒙作者赠原稿拜读并嘱序。读稿随笔，有感而发，是为序。

中国风景园林学会植物保护专业委员会　资深顾问
中国园林植物保护高端论坛专家委员会　资深顾问
首届园林植物保护终身贡献奖获得者
首届园林植物保护终身成就奖获得者

2023 年 2 月 25 日

序 二

PREFACE II

　　张乔松老师让我为本书写序，我受宠若惊。他是前辈，20 世纪 90 年代就有不谋面的专业合作。张乔松老师对树木的关注，对园林事业的专注，一直延续，成为他的职业精神，在业内是有良好口碑的。

　　这是一本关于树木移植的书，读这本书就是系统地学习树木移植相关理论与技术。正如书中记述的，树木移植是随着城镇化进程以及园林行业的发展，逐步演进。这是一本跨越二三十年技术经验总结而成的书，从工作内容到技术分析、从史料研究到技术实施程序、从苗木标准到古树大树保护，围绕抗蒸腾剂的使用扩展到促根剂、土球铁网包装、营养液或水分滴注、树体保护、苗圃育苗等技术和产品，看得出来，本书是大量实践操作和调查的一手资料。

　　栽树和移树密不可分，有时无法严格界定。多年工作中，从南到北，大树移植确实暴露出太多的问题。张乔松老师善于发现问题、用批判的眼光审视工作、用研究的思维实践探索，总结出大树免修剪移植技术。从发现问题开始到解决问题结束，在众多同行面前把大树移植讲得生动、有条理、有理有据，同时又贯穿行业多领域、多工种，实属不易。本书是大树移植理念、技术、经验、产品的融合与总结，堪称大树移植的"百科全书"，又是可以常带在身边的技术手册。

　　与张乔松老师一南一北，但交往不疏，时有互动。曾经一起开会，多次聆听张老师讲课；也曾一起国内外考察，常受到张老师的点拨启发；关于树木养护、古树保护更是多有交流。南北信息和技术在一次次的交流中流淌，对我是润物细无声的滋养。

　　大树移植的免修剪技术，定位在技术，背后是态度。技术要实践，态度是坚守。技术需整合，靠的是经验、实操和提炼；态度要问心，更展现情怀、眼光和责任。面对这样一本图文并茂的好书，希望我们都能读懂张乔松老师内心的坚守与态度。

天津市公园绿地行业协会会长
天津市园林绿化行业协会秘书长

2023 年 3 月 19 日

序 三

PREFACE Ⅲ

那年，我考上了林学院，叔叔问我"种棵树要读 4 年大学吗？"毕业后，成为种树人，曾在福建湄洲岛种树，成为地球的"美容师"，城市的生态修复师，光荣而神圣。后来考上了华中农业大学包满珠先生的研究生。毕业后到了广州种树，2009 年，参与张乔松先生的大树免修剪移植的试验研发。种树的实践使我深深感觉到学校的学习，仅仅是打下种树的学科基础而已。种树技术是风景园林的核心技术，学无止境，需要我们毕生的不断学习和参悟。如今，种了二十多年的树了，却让我越来越惶恐了，我们种不好树了。神州大地上，断臂截枝、奄奄一息的残障树随处可见，绞尽脑汁设计的"高档服装"，到头来变成了"地摊货"，美丽画卷只留在了设计师的效果图上，难画在地上。为何？

树木是良好生态环境的基础，遮阴、滞尘、杀菌、固碳、释氧、美化环境，保护庇佑着我们每一个人。"多种树、种好树、管好树"是习近平总书记 2016 年植树节上所讲，通俗易懂，道出了风景园林的主旨所在和我们面临的紧迫命题。"多种树"，特别是南亚热带气候，更是要"寸土必争"，尤其是人行道上，应多种树，遮住炎炎烈日，送来徐徐凉风。"人民城市为人民"，好的大树让我们感受城市的新鲜空气和宜人温度。"种好树、管好树"，如何确保我们种植的大树，长成参天大树，神州大地披上华服，美丽中国的大树古树随处可见？何为？

幸乎，我院张乔松前辈、领导和老师，勤勉、刻苦、孜孜不倦。先生以饱含热情的人文情怀、雄厚的文学功底、过硬的技术能力，将毕生心血，倾囊相授，写成了《大树免修剪移植技术》，助业内外同仁和从业者参考运用，行业之幸也。

系统总结大树移植的新技术。"人挪活，树挪死"。树木移植过程是对树木动了大手术，是树木生命最脆弱的时候，需要我们的爱心关怀和悉心照顾。"顺木之天，以致其性""种树无时唯勿使树知"，先人移植树木，充满对生命的爱和尊重，与如今强修剪、大抹头，草菅树命，破坏生态形成强烈的对照。"有道统领，术不远尔！"先生以"爱树若子"的情怀，从 2008 年开始学习研发这一传自海外的新技术，并参照领会我们老祖宗的仍不过时的移植理念和技术，凝练形成一整套有所创新的免修剪移植技术体系，包括防腐促根技术、抗蒸腾剂技术、土壤透气和透气袋技术、营养液或水分滴注技术、土球开挖与包装技术、根系保护技术、树冠保护技术、树体保护技术等等，小心细致地做好树木移植工作，照顾树木的根系恢复、生理重建和健康成长。该项新技术在 2009 年和 2010 年的广州市迎亚运绿化工程中发挥了重要作用。

直面行业传统育苗弊端。自然界的植物，姿态万千，缤纷多彩。长期以来，"截杆蓄冠""砍头定干"的育苗弊端，培育的乔木像馒头一般地"千树一面"，营造的绿地景观时常不尽如人意，短截以后"干萌条""枝萌条"形成的树冠，更是降低了树木的抗风能力，成为城市公共绿地的安全隐患。本书从科学角度，详细分析了这些落后技术的种种弊端，并提出了改进的方向。遗憾的是，这些习以为常的落后的育苗技术，还在大行其道，中国的苗圃里绝大部分还是这种砍头苗和残废树。悲乎？

面向全局展望未来。参天大树是风景园林重要的物质基础，培育自然健康苗木，营造"千年秀林"，成为园林行业高质量发展的关键和迫在眉睫之大事。可喜的是，先生以其资深园林人的使命感和责任感，凭借深厚的学科功底和栽培经验，关注风景园林行业和园林绿地的主角——乔木苗木的选种、育苗、移植、修剪、养护等全产业链的技术体系。书中阐述了如何"选择优株、采集优种、培育优苗"，以确保我们种植的乔木具优良的遗传性能和生长表现；介绍了原生冠和原生根等先进的系统培育技术，以及贯穿乔木苗木育苗期、移植期和养护期全过程的"疏枝为主、慎用短截"的修剪原则；还有国际先进的止根容器育苗技术、容器苗育苗技术、半容器育苗技术，一整套的优质苗木培育技术跃然纸上，将是苗木行业培育者的重要参考。书中用通俗易懂的语言介绍了国际树木学会关于中央主干、活冠比、强接枝、螺旋梯形分干布局、锥形树冠以及根部系统发育六点苗木标准，重点关注了标准中关于树苗抗风能力的新理念，为乔木苗木的培育提出了新的明确的目标和标准。书中独创性提出乔木出圃定植的"双十标准"这一适龄移栽原则，从植物生长发育原理的角度阐述了绿化工程使用 7 ~ 10 年树龄和 7 ~ 10cm 胸径具有原生冠和原生根的苗木，土球直径 70 ~ 90cm，则树冠丰满、预后良好，营造的将是一片勃勃生机、欣欣向荣的绿地景观。

种植材料质量要求是设计说明的重要组成部分，往往被设计人员所忽略，我曾在"道路绿化设计"课程上提出了"苗小、土好、穴大"的种植材料质量要求，"挖大穴、填入优质人工基质土、种植小规格原冠苗"。土壤是植物生长的基础，重视脚下的土壤，重视苗木的大胸径，试图"一夜成景"，往往欲速而不达。殷切希望我们行业将本书的创新内容纳入标准规范，引领风景园林事业高质量发展。

爱心情怀皆是"道"。"感情投入要居首"，先生满怀深情的呼吁，谆谆告诫我辈，"万物皆有情，有感情才有技术，爱树若子是情怀"。让我们就像对待自己的孩子一样对待树木，时刻关心移植期、养护期树木的饥渴冷暖，用我们所掌握的知识和技术培育优质苗木，营造优美宜人的绿地景观，打造高质量并可持续发展的"千年秀林"，实现"人与自然和谐共生"。

"一书在手，开卷有益"。本书不但是一本"大树免修剪移植"的工具书，更是一本优质乔木培育、高质量绿地建设的专业参考书，对风景园林全产业链都提出了诸多的新观点、新理念、新技术和新实践，将深刻影响并革新风景园林行业苗木培养工作。相信每一个富有情怀的园林人，包括设计师、育苗人、科研工作者、绿化工程技术人员等，都会从书中受益匪浅。

祝愿所有阅读此书的同行，投入感情到我们的风景园林事业中，日子有功、日渐精湛，成为行家里手，乃至于行业翘楚！

愚人阅之感受，是为序。

广州市林业和园林科学研究院院长
博士、教授级高级工程师
广州市优秀专家

代色平

2023 年 3 月 28 日

前 言

FOREWORD

改革开放以来，中国的风景园林事业随着城市化的快速发展而获得了巨大机遇，大量的城市绿化工程使树木移植技术的革新和进步变得尤为迫切。

在配合城市化和城区拓展的绿化工程以及地产绿化工程中，对大树，即大规格乔木的要求越来越高。往往要求立竿见影，"今天种树，明天乘凉"。但传统园林育苗业由于总体上缺乏培育和移植大规格树苗的技术和经验，无法在短期内用传统育苗的方式提供足够大规格树苗，导致供求严重失衡。大型的国有苗圃由于种种原因日渐式微而让位于私人苗圃或企业苗圃，这些苗圃往往受到规模、资金、技术水平等的制约而缺乏足够的技术革新动力。

20 世纪末期，国内一些城市刮起了"大树进城风"，带动了一股让乡下和山上的大树断头断脚迁移进城的不良风气（图 0-1）。巨大的不当需求和期待短期获利心态，驱使一些苗农到乡村和山上去挖大树，以破坏森林和生态环境的巨大代价，满足城市绿化立竿见影的需要。

他们认为强修剪、"大抹头"的短截手法可以提高下山苗成活率。却不料事与愿违，大抹头不但使树形受到不可恢复的破坏，而且移植成活率极低。不少文献都指出其死亡率高达 50% ~ 90%[1-5]。这些经历了"九死一生"的幸存树苗种到城里来，也多属"砍头树""残废树"，生态效益和景观效益都无法令人满意，并且有的还在不断地死亡。即使还能存活，短截抹头形成的"干萌条"树冠，"头重脚轻根底浅"，不但景观难看，更令枝条的抗风能力大幅下降，成为城市公共绿地的安全隐患（图 0-2）。

如何通过技术革新和技术进步，改变这种园林育苗业的落后状态，满足城市绿化对大规格苗木的需求，就成为业内有识之士的一种期盼。

2004 年，香港迪士尼乐园绿化工程引进了国外的大树免修剪移植技术，参与工程的两家国内公司感受了这种技术的神奇：可以不剪一片枝叶，把胸径 20 ~ 30cm 的大树移植成活，完整的树形美态被保留下来。精细养护 2 ~ 3 周之后就可进入正常养护，这些树就像在迪士尼乐园这块土地上生长了几十年一样（图 0-3）。

图 0-1 湖南某地的"下山砍头苗"苗圃（2002 年）

图 0-2 一场雪使没有叶子的国槐干萌条纷纷断裂

图 0-3 香港迪士尼乐园的大树免修剪移植

　　自此，大树免修剪移植技术便开始慢慢引入内地。一些大型公司开始引进和研发这种颠覆传统的大树移植技术。笔者当时在广州市绿化公司任总工程师，从 2008 年开始对这项新技术进行了学习和探索试验。首次工程实验是 2008 年 1 月中旬在江西吉安市人民广场进行的，用这项技术，以即挖即移的方式移植十几株大规格的桂花树（图 0-4）。尽管种后几天就发生了罕有的大规模雪灾，这批桂花树还是很好地、未经抹头修剪地活了下来。初步工程实验的成功，大大增强了我们继续研发的信心。2009 年 5 月，我们在广州市绿化有限公司的罗仙苗圃开展了多个树种的系列试验，

图 0-4　吉安市人民广场首次免修剪移植的桂花树（2008 年）

图 0-5　广州市绿化有限公司苗圃开展免修剪移植试验（2009 年）

也获得了成功（图 0-5）。在其后的 2009 年和 2010 年的广州市亚运会绿化工程中，我们的大树免修剪移植技术获得广泛应用并取得很大成功。

　　本书在总结我们的研发过程和工程实践基础上，对大树免修剪技术进行了系统的总结。第一章——免修剪移植技术的特点，系统比较了大树免修剪移植技术与传统大树移植技术的优缺点，以及免修剪移植技术的应用前景。第二章——免修剪移植技术的原理，回顾了我国古代移植技术的精髓和启示，以及免修剪移植所包含的抗蒸腾剂技术、土壤透气技术、防腐促根技术、土球开挖与包装技术、树干与树冠保护技术等技术。第三章——免修剪移植技术的实施程序，详细介绍了大树免修剪移植技术从计划、选苗、起苗、土球开挖与包装、苗木吊装、苗木运输、苗木卸车到苗木种植和养护的各个工序细节。第四章——其他的树木培育和移植新技术，介绍了大树的裸根免修剪移植技术、机械化土球挖掘技术、容器苗育苗技术、止根容器育苗技术、半容器育苗技术，同时介绍了适龄移植技术——阐述了乔木苗木出圃定植适宜年龄的原理和标准。第五章——乔木苗木生产标准，介绍了目前国内外相关乔木苗木的生产标准，并对今后我国乔木苗木育苗标准进行了讨论。第六章——整体移植，阐述了超大树木和古树名木整体移植的概念与标准，选取国内近年整体移植的案例进行了分析和总结。

大树免修剪移植技术应用前景广泛。它可以用于苗圃育苗过程中的几乎每天要进行的苗木拉疏移植，从而大大降低苗木拉疏移植的缓苗期，提升了苗圃土地的周转率和经济效益。出圃时又可使用这项技术使树苗以完整树冠出圃，提升树木移植的成活率和树冠完好率。而树冠完好率不仅仅是营造良好园林美景的技术追求，更是预示树木移植后能以良好的树形美态和健康的生理状态面对今后经年的风霜雨雪，为我们创造长久的、可持续的生态效益和景观效益。该项技术还可以为国际上先进的原冠苗标准的应用提供不可或缺的技术支撑。我们期待这项技术能够在风景园林行业大规模地推广应用，成为从苗木生产到工程施工、养护及整个苗木产业链升级换代的主要技术之一。

　　本书在技术试验和工程实践过程中，得到了丁锋高级工程师的指导与帮助，并得到了代色平、张坚、叶超宏、李鹏初、王文典、刘晓娟、洪玉娣、张太泉、何林洪、刘成道、李刚、王海宝、陈宏业等同事的鼎力支持和协助，不胜感激；少量图片来自网络，多已注明出处，在此一并致谢！

目 录
CONTENTS

第一章

免修剪
移植技术的特点

本章系统比较了大树免修剪移植技术与传统移植技术的优缺点，以及免修剪移植技术的应用前景。

第一节   传统大树移植技术

传统的树木移植技术，由于缺乏今天先进的抗蒸腾剂技术，要解决移植期根系大比例受损和枝叶水分蒸腾量之间的矛盾，一般采取下列四种方法。

1. 短截强剪法

通过大比例地短截修剪树冠枝叶，大幅度降低枝叶蒸腾量，用以舒缓移植期大树水分供需矛盾。有些甚至将强剪变成砍头去冠，种树变成"种木棍"（图1-1～图1-4）。这种做法好处是技术要求和包装运输成本相对较低。但这种做法缺点太多了：树木原有的树形美态受到破坏，有些甚至无法恢复；砍头短截产生的干萌条和枝萌条属非自然枝条，着生于树木枝干的断口边缘，抗风能力弱，安全隐患大；我们还发现，短截

图 1-1　短截强剪的香樟（江西吉安，2008 年）

图 1-2　下山"砍头"的香樟（湖南柏加，2002 年）

图 1-3 满车"棍棒"树桩（郑州，2016 年）　　　　图 1-4 短截强剪成"棍棒"（洛阳，2013 年）

时枝条直径越大，枝龄越老，后果越严重；短截造成的伤口容易被感染，引发腐烂及枯枝等等。

2. 断根缩坨法

提前一到两年对待移大树进行分次"断根缩坨"（一般分成两次，每次断去总根系的一半，见图 1-5），抑制根系的离心生长，然后在断根沟覆土，促进断根处的新根发生。起苗时采用"扩坨起穴"的方法，即土球直径要大于原断根处 15 ~ 30cm，使新根尽可能地包含在土球内，保留大树大部分的吸收根系，最大限度减少枝叶修剪，保留树木原有的树形美态，而且能使移植期水分供需达至基本平衡，

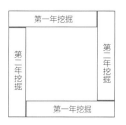
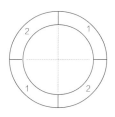

图 1-5 大树断根缩坨法示意图（单位：cm）

确保大树移植的成活率。该方法能较好地解决移植时水分的供需平衡。缺点是耗时太长，需 1～2 年，起苗时要保护好新根不容易，且时间成本和包装运输成本相对较高，不能及时地按需起苗。

3. 传统的全冠移植

这种方式主要保留大部分或全部的主枝（或原树的主要骨架），侧枝大部分剪除，枝叶修剪量达到 1/2 或 2/3。大树原有树形骨架基本得到保留，移植时的水分平衡也较易做到（图 1-6、图 1-7）。缺点是原有的树形毕竟受到不同程度的破坏，个别树种甚至无法恢复原有的树形美态。

图 1-6　上海世博会银杏的全冠移植（2010 年）　　图 1-7　上海徐家汇公园香樟的全冠移植（2002 年）

4. 落叶法

落叶法又分两种，一种是指落叶树在落叶期开展移植工作，这个时候不需要考虑水分平衡问题，可以保留全部枝条，但对移植时间有限制。岭南地区冬天气候不太冷，整个落叶期都可以开展移植工作。北方则要考虑落叶后土壤上冻前或解冻后树体萌芽前移植较为合适。另一种是移植时对常绿树采用大量摘叶或全部叶片摘除而不剪枝的方式来解决移植期的水分平衡问题，确保成活率。常见的做法是，在树木定植地点入穴前，人工将大部分或全部的叶片摘除后种植。广西园林部门曾采取这个方法移植大批扁桃树获得成功；广州部分企业也用这一方法移植宫粉紫荆、小叶榄仁等树种。这种方法实践上用得不多，大量或全部摘取叶片也非常费工；同时，全部摘除叶片使树木原来的绿色营养工厂毁于一旦，既浪费大量养分，也不利于移植树木的恢复和成活。

第二节　大树免修剪移植技术的特点

一、免修剪移栽技术的优点

大树免修剪移植技术有如下优点：

1. 免修剪

免修剪移植技术与上面四种传统方法完全不同。其不同之处首先表现在**"免修剪"**三个字上面，即可以完全不修剪一片枝叶，也能把大树移植成功。这是没有任何一项传统技术可以比拟的。

2. 使用抗蒸腾剂技术

为了解决大树移植时的水分代谢平衡，免修剪移植技术配套了以抗蒸腾剂技术为特征的系列技术，通过土球开挖前向树冠的叶子喷施抗蒸腾剂，大大降低树冠及叶片的蒸腾水量，很好地解决了移植时期的水分平衡问题。

3. 保留了完整的树形美态

由于不需要修剪枝叶，大树以完整的树形美态定植到指定地点，极大地提升了园林工程的景观效益（图 1-8、图 1-9）。工程竣工时即可形成一幅美丽的植物画图，与"砍头"树、"残废"树形成的景观有天渊之别；也与传统的留三五主枝的"全冠移植"相比，有了较大的提升和进步。

4. 保留了完整的原生主枝

原生主枝是树木健康架构的基础，与树木主干的联系"根"深蒂固，与"砍头"树相比，不短截修剪就不会产生有安全隐患的干萌条和枝萌条，确保了树木的树形美态以及今后的健康成长，为园林绿地带来极大的生态效益、安全效益和景观效益，也为城市绿地系统的稳定和可持续发展作出了巨大的贡献。

5. 保留了完整的树木营养工厂

免修剪保留了树木绝大部分或全部的叶片，使植物在移植期仍能通过叶片叶绿素的光合作用，继续为植物整体提供有机养分，促进移植时期根系的迅速恢复和生长，以较快的速度形成新的吸水、供水能力。树木在自身提供的有机营养基本不断流的情

图1-8 2009年夏广州烈士陵园移植美丽异木棉　　图1-9 2010年春广州钟落潭苗圃移植的潺槁树

况下，能以最快的速度适应新环境，发挥良好的生态效益和景观效益。

6. 保留了移植期最好的吸收器官

苗木起苗时损失了大量根系，整个根系的吸收能力大大下降。而免修剪保留了几乎全部的树冠叶片，使得它们成为移植期最好的吸收器官。需要施用各种肥料、激素等等就可以通过叶片进行吸收，方便而高效。

7. 国际标准土球保留了较多根系

免修剪移植要求土球要按照国际树木学会（International Society of Arboriculture，ISA）的标准（土球直径是树木胸径的10到15倍），使起苗后根系的损失最小（与上文所述的传统技术相比）。因此，根系的恢复也是传统的六倍土球（土球直径是树木胸径的六倍）或六倍以下土球无法比拟的。

8. 免修剪移植技术可以即挖即移

这项技术完全可以做到即挖即移，不需要提前断根，不需要假植过程，极大地节省了种植假植苗或提前断根苗的时间成本和费用支出（图1-10、图1-11）。

图 1-10 广州天河体育中心即挖即移的白兰树（2010 年 6 月）

图 1-11 广州天河体育中心即挖即移的小叶榕（2010 年 6 月）

9. 免修剪移植技术可用于苗圃的拉疏移植

苗圃育苗几乎每天都要做的工作是将生长过密的苗地按计划开展拉疏移苗。过去我们无论用什么方法，都免不了有一个或长或短的缓苗期。使用免修剪移植技术进行拉疏移苗，在树冠枝叶基本不动的情况下，可以将缓苗期缩短到最低限度，极大地缩短了苗木的整体生长周期，大大提高了苗圃苗地的周转利用率、育苗的质量和苗圃的总体生产效益。

10. 免修剪移植技术可以为原冠苗提供最好的技术支撑

免修剪技术与原冠苗技术不谋而合，一个不用修剪可以移活大树；一个要求不能进行短截修剪，保留树苗的自然枝条和自然树冠。因此，免修剪移植技术为原冠苗技术提供了最好的技术支撑，必将成为原冠苗移植的核心技术。

二、免修剪移植技术的缺点

一分为二地说，免修剪移植技术也有"缺点"，就是因为需要保障土球足够大、完整树冠和土球的安全，使得出圃苗包装运输成本较高。这往往也是推广该技术时容易引起争议的一个原因。但免修剪移植技术拥有上述几乎不可替代的十大优点，而且可以用起地苗代替假植苗从而节省大量成本（起地苗与假植苗一般有一倍至数倍的差价）。如果我们不追求过大胸径的苗木，只是种植不超过 10cm 胸径的适龄苗（适龄苗，又叫双十标准苗，即树龄不超过 10 年，胸径不超过 10cm，详见本书第五章）的话，成本的适度增加是完全可以接受的。

第二章

免修剪
移植技术的原理

树木免修剪移植技术是一个技术集成体系，它绝不是有些人以为的移植时往树冠喷一喷抗蒸腾剂那么简单。该技术体系吸收了我国古代移植技术的智慧，以及国内外的一些大树移植技术，如抗蒸腾剂技术、土壤透气技术、防腐促根技术、土球开挖与包装技术、树干与树冠保护技术等，可以说是一个集古今中外之大成并有所创新的技术体系。

第一节　我国古代树木移植技术的启示

　　我国历史悠久，先人们很早就开始了植物引种栽培。1977 年浙江余姚河姆渡遗址的第四文化层出土了"盆栽五叶纹"陶块，揭示了我国栽培花木的历史或可追溯到 7000 多年前 [6]（图 2-1）。北宋《清明上河图》中也有大量的树木栽植（图 2-2）。

图 2-1　河姆渡遗址的盆栽五叶纹陶残块

图 2-2　《清明上河图》中栽植的树木

《诗经》（公元前 11 世纪至公元前 6 世纪）中就有桃、李、杏、梅、枣、栗、榛等果树栽培及将其栽植在村旁宅院的记载。《管子·地员篇》（公元前 5 世纪）中，吴王夫差就在嘉兴建造"会景园"时"穿沿凿池，杨亭营桥"，所植花木，类多茶与海棠。春秋战国时期开始进行街道绿化。在《史记·货殖列传》（公元前 2 世纪至公元前 1 世纪）就有"千树樟""千树栗""千树梨""千树楸""千亩漆""千亩竹"……皆与千户侯的记载。[7]

据《汉书》《贾山传》（公元 1 世纪）记载："为驰道于天下，东穷燕齐，南极吴楚，江湖之上，滨海之观毕至。道广五十步，三丈而树（秦制 6 尺为步，10 尺为丈，每尺合今制 27.65cm，即株距为 8.28m），厚筑其外，隐以金椎，树以青松。……"可见，秦时已广植行道树，具备了一定的树木移植技术。[7] 据《周礼·秋官》（公元前 2 世纪至 1 世纪）"朝士"条，周王的庭院有"左九棘""右九棘""面三槐"的说法。意思是，左右各栽植 9 棵棘树，南边栽植 3 棵槐树。为何要栽 3 棵槐树？原来是方便太师、太傅、太保这"三公"上朝时找准自己的站位，即所谓"三公位焉"。可见当时槐树已为官方选定的绿化树种之一，并有成熟的树木移植技术。

那么，古代的树木栽植或移植技术到底如何，又能带给今天的我们什么有益的启示呢？

高中语文课本柳宗元《种树郭橐驼传》中，总结了一位驼背老人的种树经验。文章说道："视驼所种树，或移徙，无不活，且硕茂，早实以蕃。他植者虽窥伺效慕，莫能如也。"大意为：此位驼背老人种树百种百活，而且树木生长繁茂，硕果累累。其他人模仿他的做法，却莫能如也！

老人自己解释道：橐驼非能使木寿且孳（长寿茂盛）也，**能顺木之天以致其性焉尔。凡植木之性，其本欲舒**（根系舒展），**其培欲平**（种树不能抬高或埋深），**其土欲故**（采用原土、宿土等理化性质相近的土），**其筑欲密**（种植后要分层夯实，使根土密接）。既然已，勿动勿虑，去不复顾。其莳也若子（种植时爱树若子），其置也若弃（定植后不过多折腾），则**其天者全而其性得矣**。

郭橐驼的故事说明了古人"重视土壤和栽植质量，顺应树木天然形成的习性"对提高树木成活率的重要性。其中的**"顺木之天以致其性""其本欲舒，其培欲平，其土欲故，其筑欲密"**24 字箴言，言简意赅，微言大义，值得我们好好学习体会。

北魏贾思勰的《齐民要术》中记载："凡栽一切树木，欲记其阴阳，不令转易（方位），大树髡（修剪）之，小者不髡。先为深坑，以水沃之，着土令为薄泥，东南西北摇之良久，然后下土坚筑。时时灌溉，常令润泽。……凡栽树正月为上时，二月为中时，三月为下时。然枣，鸡口；槐，兔目；桑，蛤蟆眼；榆，负瘤散；自余杂木，鼠耳虻翅，各其时。"[7] 意思是说：种树要记住其方位，到定植地点最好按原来苗地的方位栽植；大树要适当修剪，小树不用修剪。树穴要深，如土壤干燥先灌水湿润。树穴土要打碎，适当摇动令根土密接，回土夯实。经常灌溉以保持土壤湿润。种树时间正月最佳，二月中等，三月为下。枣树可移鸡口，槐树可移兔目，桑树可移蛤蟆眼；其余杂木，可移老鼠耳、牛虻翅，各有各的最适宜的移植时间（鸡口、兔目、鼠耳、虻翅是该树春天新芽绽开时的形态。）由此可见古人对不同树种的精确的适宜种植时间的观察是多么细致入微。在我们今天看来，这就是树木地上与地下、新芽与新根生长的对应关系，一般而言，先长新根，后发新芽。当新芽开始绽放的时候，也正是新根已经大量发生的时候，能较快建立新的水分代谢平衡，移植最为适宜，最容易成活（不过前提是尽可能地保护新根）。

明代的《种树书》载有："种树无时唯勿使树知""凡栽树不要伤根须，阔挖勿去土，恐伤根。仍多以木扶之，恐风摇动其巅，则根摇，虽尺许之木亦不活；根不摇，虽大可活，更茎上无使枝叶繁则不招风。"[7] 说明移植时土球宜大，以护根须；做好回土的夯实与支撑，适当疏枝疏冠，以防止梢动根摇。

较难理解的是"种树无时唯勿使树知"，直译就是"种树其实不讲究季节，关键是不要让树知道"。看似难以理解，但其实不难，笔者的理解是，如"不要伤根须，阔挖勿去土"以及"其土欲故"等等，结果是使树木地下部分的根系感受不到移植前后土壤环境的剧烈变化；"凡栽一切树木，欲记其阴阳，不令转易"，结果是在苗地里习惯迎接每天的第一缕朝阳的枝条，在定植地点一切照旧，使树木地上部分的树冠感受不到移植前后地上环境的剧烈变化。这不正是"勿使树知"的要义之一吗？休眠期移植落叶树也可为一例。

我们来总结一下老祖宗的种树经验：

（1）**顺木之天，以致其性**——适地适树、顺应树木天然形成的习性去种植树木。提示了我们树木种植要熟悉树木的各种天然形成的遗传习性，努力学习植物，认识植物，与植物为友，与植物对话交流的重要性。我曾在给年轻人讲"栽培与栽培试验基础"时就提出了"栽培的最高境界，就是做到栽培者与栽培对象之间的对话与交流"。

（2）种植时要细致周到，"**其本欲舒，其培欲平，其土欲故，其筑欲密**"，做到根系舒展，土球不抬高，不降低，最好能用原来的土壤，分层夯实，根土密接。

（3）**种树无时唯勿使树知**——种（移）植时期其实不那么重要，关键是移植技术和相关措施要使树木感受不到育苗地和定植地之间地上和地下环境的剧烈变化。如"**莫易阴阳**""**阔挖勿去土**"就是让树木感受不到地下和地上环境剧烈变化的措施之一。另外，把定植地点的土壤理化性质调整到接近育苗地土壤，或回填宿土（即"**其土欲故**"），也是移植成活的关键措施之一。因为很多树木的移植后死亡或严重生长不良，大多因为两地的土壤理化性质差异太大造成的。特别是大量回填的不合格土壤——基坑土、山泥（深层生土）的栽植现场。

（4）**鼠耳虻翅各其时**——不同树种的适宜移植的精确时间。其实，这揭示的是新根与新芽生长的对应关系，新根大量发生以支撑新芽新叶的生长，新根大量发生时是适宜移植的首选时间，因为新根大量发生使移植时的水分代谢较快地达至新的平衡，成活养护所需时间缩短和成活率提升。

（5）**先为深坑，以水沃之，着土令为薄泥**——树穴宜深，干则湿之；土壤宜碎，以利根土密接。

（6）**下土坚筑……以木扶之，恐风摇动其巅，则根摇，虽尺许之木亦不活；根不摇，虽大可活**——回土夯实与支撑，避免梢摇根动对成活的重要性。

认真学习古人的种植经验，结合现代的栽培技术，融会贯通，灵活运用到我们的种植工程当中，必然令我们的种植技术有极大的提升。

2008年1月，我们接到江西吉安市人民广场绿化工程的移植任务，有十几株大树要移植。笔者就写了一个简单的移植方案，也是一个对古人种树经验活学活用的工程案例，见专栏一。

专栏一　江西吉安市人民广场大树移植技术预案

一、祖宗技术："种树无时，唯莫让树知"

（1）"莫易阴阳"。尽可能按照大树的原来方位种植。

（2）"回填宿土"。袋装起树挖出的原来土壤 1 ~ 2m³，与树同时运往定植地点，回填在土球底和土球四周（待新根长出土球外，接触的还是原来的土壤。）

（3）"阔挖勿去土"。保证土球的大小、形状和包装质量及吊装、运输质量。

（4）"爱树若子"。对植物要有感情，有爱心。保湿、保暖、保护树皮技术：用草绳缠绕树干和主枝；严禁起吊和运输时用树干或枝条作着力点；定植后搭架防寒、防北风、防日灼。

（5）"入土（穴）为安"。温暖新家技术：定植点的树穴长 2m、宽 2m、深 1.5m，如土质过差或严重排水不良，还要扩大。每穴分层放猪粪干 8 ~ 10 袋。这既是基肥，也能适当提升土温（吉安市人民广场大树移植时气温较低，为 0 ~ 5℃）。

二、新技术

（1）适量修剪技术。疏去少量的阴枝、徒长枝、平行枝，修剪量为全树枝条量的 1/7 ~ 1/6。

（2）抗蒸腾剂技术。向保留枝叶均匀喷洒专用的抗蒸腾剂。

（3）防腐促根技术。向土球和回填土喷、浇杀菌防腐药剂和促根药剂。

（4）土球透气技术。每株树定植时在土球四周设置 1.5m 长的疏水管 4 条，以利透气和积水时排水。

（5）营养滴注技术。向定植后的树干滴注营养液和植物激素。

（6）表土覆盖技术。表土覆盖 10cm 有机质，防止表土板结，兼顾防寒。

三、工作程序

定植现场踏勘——分三路到挖树现场踏勘、拍照——会商实操技术方案和施工组织——全部人员到典型挖树现场进行示范性全过程的迁移培训——分组全面铺开。

2008年1月18日，笔者在现场种植第一棵胸径50cm的桂花树。数天以后，雪灾降临华南，吉安当地下了1米多厚的大雪，但我们精心种植的大树挺过了这罕见的雪灾，全部成活（专栏图1-1～专栏图1-6）。

专栏图1-1　2008年4月发新叶的银杏树

专栏图1-2　2008年1月桂花树的起苗现场

专栏图1-3　桂花树的土球包装情况

专栏图1-4　收集起苗地土壤准备定植时回土用

专栏图1-5　定植后第二天笔者在现场养护桂花树

专栏图1-6　2008年4月新叶勃发的桂花树

第二节　抗蒸腾剂技术

移植期不修剪枝叶如何维持树木的水分代谢平衡？这主要依赖于抗蒸腾剂技术。抗蒸腾剂用于树木移植的研发和应用始于 1970 年代，至今这种技术在发达国家已经十分成熟并广泛应用。而国内对于抗蒸腾剂的研究曾在 1980 年代达到高潮，并研制出以从风化煤提取的黄腐酸为主要成分的系列抗蒸腾剂，如 1980 年代的"抗旱剂一号"，1990 年代的"FA 旱地龙"，1990 年代末研制出将代谢型和成模型功能合二为一的创新型抗蒸腾剂"农气一号"，在干旱地区的农业抗旱增收方面发挥了巨大作用 [8,9]。可惜的是，在园林树木移植方面只有一些零星的研究和为数不多的几种抗蒸腾剂的生产销售，如曾梅（2007）用美国产的 TRANSFILM 药剂 5% 浓度喷洒紫叶小檗，试验组移植成活率比对照组提高 41.6%，达到 97.3% 的良好效果，但远未到大规模成熟应用的程度 [10,11]。2004—2005 年，澳洲百特园艺有限公司（Birkdale Nursery Ltd.）在香港迪士尼乐园绿化工程中开始了国内大规模应用该技术移植大树的先例，引起了香港和内地同行的关注，并逐渐通过各种方式把抗蒸腾剂技术引进珠三角等地，而且也在多个树种上获得了成功。抗蒸腾剂技术在园林苗木的生产和园林绿化工程中有着广泛的应用前景，必将给我们的园林育苗业和园林种植工程带来一场新的技术革命。

一、抗蒸腾剂（anti-transpirant）及其种类

抗蒸腾剂是指能降低植物蒸腾作用的一类化学物质，也称蒸腾抑制剂，主要有如下三类。

（一）薄膜型抗蒸腾剂

薄膜型抗蒸腾剂包括石蜡、蜡油乳剂、高碳醇、硅酮、聚乙烯、乳胶和树脂等。此类化合物能在叶子或果实表面形成一层薄膜，以暂时堵塞气孔和覆盖角质层，达到防止蒸腾失水或果实保鲜的目的。常见的薄膜型抗蒸腾剂产品有 Wilt-pruff、Vapor gard、Mobileaf、Folicote、Plantguard、CS6432、丁二烯酸、十六烷乳剂、氯乙烯二十二醇等。Devenport 等（1972）在收获前 1 ~ 2 周对橄榄树喷以 CS6432 和 Mobileaf，使果实体积增加了 5% ~ 15%，取得了良好的效果[1]。用丁二烯酸对欧洲白桦、小叶椴、挪威槭、钻天杨等树苗进行处理，叶片上形成的薄膜使蒸腾强度在 8 ~ 12 天内下降 30% ~ 70%。

（二）代谢型（激素型）抗蒸腾剂

也称气孔开放抑制剂，主要有琥珀酸、醋酸苯汞、PMA（乙酸苯汞）、ABA、DNP（2,4- 二硝基酚）、整形素、甲草胺、FA（黄腐酸）羟基磺酸、克草尔、阿特拉津、叠氮化钠、氰化苯肼、脱落酸等。此类化合物能引起植物气孔关闭，从而达到降低蒸腾作用的目的。DNP 喷施一次，降低蒸腾的效果可维持 12 天；若用低浓度甲草胺（20ppm），则效果可维持 20 天以上，并可进行多次喷施以维持药效。实践中也有用阿特拉津、敌草隆、西码津等气孔抑制剂来关闭气孔，结果表明，它们对关闭气孔虽都有一定效果，但对植物的生长有不良影响，减弱了植株对水分的利用。$CaCl_2$、粉锈宁等也具有较好效果，在降低蒸腾作用的同时对光合作用的影响不显著，效果还可维持两周左右。另一类药物是 K^+ 螯合剂。这类能与 K^+ 螯合的离子载体能影响保卫细胞的膨压变化，在气孔运动中起着十分重要的作用，进行叶面喷施后，降低蒸腾的效果相当明显。[12]

（三）反射型抗蒸腾剂

反射型抗蒸腾剂是指一类具有很强反射能力的物质，如高岭土、高岭石等。这些物质被喷洒到叶面以后，能反射 400nm 以下和 700nm 以上的辐射，从而降低叶面温度和蒸腾作用。目前研究使用较多的是成本低廉的高岭土。Abou-Khaled（1970）的工作表明，在作物播种第 45 天喷施浓度为 6% 的高岭土，能使叶温下降 1 ~ 25℃，蒸腾作用明显降低[2]。

二、抗蒸腾剂的作用原理

薄膜型抗蒸腾剂对水分子的透性均大于 CO_2 分子。使用抗蒸腾剂覆盖叶子后，蒸腾作用降低，CO_2同化量也下降，对CO_2同化量的抑制甚至超过对蒸腾的抑制作用。一种理想的薄膜型抗蒸腾剂应当具备以下三种特性：①对植物是无害的；②薄膜在持续一段有限的时间后能自行破裂，不再继续妨碍植物对CO_2的吸收；③容易喷洒并有黏附性。薄膜型抗蒸腾剂可保持树木体内的水分平衡，能提高造林和移栽树木的成活率，降低绿化树种的蒸腾作用，延长树木移栽的季节，促进果实生长并减少贮藏水果时的水分损耗。此外，一些易遭冬季旱害的树种喷洒薄膜型抗蒸腾剂以后，也能收到一定的效果。

抗蒸腾剂的使用效果受化合物的种类和剂量、树木的生长发育阶段、叶面和树木气孔构造对抗蒸腾剂的生理反应，以及使用时的环境条件等因素的影响。尤其是气孔的构造、角质层结构、药剂的表面张力和喷洒方式等更为密切。例如，对多脂松施用某些薄膜型抗蒸腾剂能持续很长的时间，因为这些化合物能与气孔内的蜡质结合在一起，形成一个不透性的"塞子"，封闭了气孔，使蒸腾失水量降低 90% 以上；但它同时也使光合作用降低，如果持续时间过长，代谢作用就会受阻，并出现毒害症状，甚至整株死亡。因此，在使用这类代谢型抗蒸腾剂时，对于气孔内或气孔周围有蜡质层的针叶树种要慎重。

在环境因子中影响薄膜型抗蒸腾剂使用效果的最主要的是高温和强辐射。因为在高温和强辐射条件下，薄膜容易干燥和破裂。此外，风速也能影响薄膜型抗蒸腾剂的效果。当风速加大时，抗蒸腾剂的效果降低。因此，环境条件的差异是造成许多抗蒸腾剂试验结果不一致，甚至造成相互矛盾的主要原因之一。

对代谢型抗蒸腾剂如阿特拉津、醋酸苯汞、琥珀酸和脱落酸等的研究表明：阿拉特津对促进树木的气孔关闭没有明显的效果。醋酸苯汞诱导树木气孔关闭的效果是明显的，但也有较大的毒害作用，并会抑制植物地上部分的生长，同时还会引起环境污染。脱落酸是效果最好而又无毒的代谢型抗蒸腾剂，但这种化合物的天然产物含量甚微，人工合成的产品价格昂贵[13,14]。这种局面已由中国科学院成都生物研究所于2011 年打破，该所科研人员发明一种通过流加肌醇解除葡萄糖阻遏生产天然脱落酸的发酵工艺，并获国家知识产权局发明专利授权。该工艺可以人为调控发酵体系中碳氮比例，提高菌体对培养基中其他糖类的利用率，使菌株以较高的底物转化率和产物合成速率生产脱落酸，从而提高了脱落酸的产量，大大节约了能耗和原材料，简化了工艺，降低了生产成本。为脱落酸的大量应用提供了性价比高的产品。

三、抗蒸腾剂应用的复杂性

Davies 等（1972）对部分树种的蒸腾能力进行了研究[15]，发现这个问题相当复杂。不同树种之间，甚至同树种不同无性繁殖系之间的蒸腾能力都不一样（表2-1）。叶面积、根枝比、气孔的结构和大小、气孔数量、气孔缝隙的调节和叶片解剖结构，都是影响蒸腾作用的重要因素。因此，要用好蒸腾抑制剂，必须对不同的树种，甚至是同一树种的不同无性系、不同栽培育苗条件都要做严格的试验观测，不能想当然去推测某个树种的合适浓度和用量。

部分树种的气孔长度和分布状况[15]　　　　　　　　　　表2-1

树种	气孔长度（μ）	气孔密度（mm²）
银槭 Acer saccharinum	17.29 ± 0.25	418.75 ± 12.56
糖槭 Acer saccharum	19.28 ± 0.50	463.39 ± 18.94
黑桦 Betula nigra	39.36 ± 0.60	281.25 ± 11.38
纸皮桦 Betula papyrifera	33.22 ± 0.56	172.32 ± 10.49
美国白蜡 Fraxinus americana	24.84 ± 0.25	257.14 ± 14.59
洋白蜡 Fraxinus pennsylvanica	29.33 ± 0.65	161.10 ± 15.82
银杏 Ginkgo biloba	56.30 ± 0.89	102.68 ± 6.83
刺槐 Robinia pseudocacia	17.63 ± 0.32	282.14 ± 11.36
红栎 Quercus rubra	26.71 ± 0.61	532.14 ± 11.14
大果栎 Quercus macrocarpa	23.99 ± 0.29	575.86 ± 14.58

而且，蒸腾抑制剂特别是薄膜型的蒸腾抑制剂封闭气孔以后，蒸腾作用受到抑制，使得原来通过蒸腾而降低叶片温度的功能同样因此而受到抑制，叶片的温度必然要升高，升高到一定程度就会损害叶片，这在阳光充足的高温季节尤其严重。因此，蒸腾抑制剂的浓度和用量一定要通过试验获得适当的数据，不能过多或过少，并注意做好阳光下的适当遮阴及降温的工作。

表 2-2 列出了 6 种不同蒸腾抑制剂、不同浓度对同一树种气孔抗力的不同影响。表中有多处数据表明对同一树种而言，不同浓度或可产生同样的影响，药剂浓度与蒸腾气孔抗力（stomatal resistance）之间的关系似乎没有明确的规律可循，可见这一过程的复杂性。

不同的蒸腾抑制剂对充分灌水的美国白蜡树的气孔抗力的影响 [15]　　　　表 2-2

蒸腾抑制剂	浓度（%）	气孔抗力（s/cm）	浓度（%）	气孔抗力（s/cm）	浓度（%）	气孔抗力（s/cm）	浓度（%）	气孔抗力（s/cm）
TAG	100	32.0	50	19.2	20	12.4	10	19.8
CS6432	10	15.0	5	16.3	2.5	8.5	1	5.6
Folicote	20	20.2	10	18.5	5	18.5	1	7.2
Wilt Pruf	50	6.2	33	10.4	20	10.4	10	—
Vapor Gard	10	16.6	10	12.7	5	12.4	1	4.6

注：对照气孔抗力为 4.3s/cm。

四、抗蒸腾剂的应用技巧

由于不同植物甚至于同一植物不同无性系之间的蒸腾能力都有差别，对抗蒸腾剂的反应也十分的复杂，在使用蒸腾抑制剂的喷施时要注意以下 5 点：

首先要通过试验来取得第一手数据，即使是同一树种，不同批次、不同季节、不同苗地、不同苗龄、不同长势都应单独做试验。

二是要喷得均匀，要十分细致和周到，每片叶片都要喷到。

三是要重点喷到叶子的背面，因为叶子的气孔主要集中在背面。

四是喷的量要足够和适量，过少可能起不了应有的作用，过多也会产生不好的影响，会使叶片温度升高损害叶片，或使叶片气孔关闭的时间过长，或使叶片受到伤害，从而不利于大树正常功能的恢复。喷完之后要及时清洗喷雾器，以免造成堵塞。

五要注意遮阴降温。目前使用的抗蒸腾剂主要以薄膜型和代谢型为主，起到覆盖或关闭气孔的作用。因此，在抑制叶片蒸腾作用的同时，必然会提高叶片的温度（反射型抗蒸腾剂极少使用）。在艳阳高照的高温季节更要注意叶温升高的问题，在有太阳的时候要进行"阳光下的降温管理"——通过喷雾、遮阴等方式遮阴降温，以避免叶片温度因蒸腾作用大幅度下降造成的升高，损害或烧坏叶片。

上述几点注意事项应综合考虑，并根据现场情况灵活运用，同时配合其他防腐促根技术、土壤透气技术等，通过严密的试验得出最佳的操作方案。

专栏二　抗蒸腾剂类型的简易判别

如何识别市售的抗蒸腾剂属于什么类型的抗蒸腾剂呢？部分厂家并没有将抗蒸腾剂的类型或主要成分列出来，因此难以判别是什么类型的抗蒸腾剂。根据笔者使用的经验，对于大部分市售的液体型抗蒸腾剂，可从兑水倍数来大致判断其类型——兑水倍数在 100 以下者多为薄膜型抗蒸腾剂，兑水倍数在 100 或以上的多为代谢型抗蒸腾剂。市售还有一类是粉剂的抗蒸腾剂，兑水倍数可达万倍，应该还是薄膜型的抗蒸腾剂。

第三节　免修剪技术

免修剪技术就是指植物移植时不修剪或仅进行少量修剪的技术。

一、免修剪保叶片的原理

（一）保住营养工厂

叶片是植物的营养器官。根系吸收的水分和无机盐通过输导组织的导管被输送到叶片这个"营养工厂"，然后通过叶绿素的光合作用同化二氧化碳，制造有机养分，这些养分通过输导组织的筛管输送到植物各部分以及根系，促进根系及植物各部分的生长。因此，免修剪技术与传统的通过重修剪来取得移植期水分代谢平衡的做法相比，其最大的不同就是保留了全部或绝大部分的枝叶，使植物（树木）的"营养工厂"基本不受损，继续保持"营养工厂"的运转，为植物各部分特别是移植期受到重大损失的根系继续输送有机养分，促进新根的生长。

（二）促进水分平衡

移植树木成活的关键是迅速恢复树体的水分代谢平衡。形象地说，就是植物的"水泵"能供水。水泵能供水往往取决于两点——水泵有电（动力）和吸水管有水。我们首先通过抗蒸腾剂的施用，使叶片的蒸腾作用降低，大大地减缓了因土球开挖根系受损造成的水分代谢不平衡状态。另一方面，低水平的蒸腾作用保留了适当的蒸腾拉力。蒸腾拉力可以形象地理解为水泵动力，在这种适当的水泵动力和促根剂的刺激下，再加上叶片"营养工厂"的有机养分源源不断供给，使根系迅速恢复生长，新根大量地发生，吸收水分的能力在较短的时间（快的3～5天）得以恢复。因此植物新的"水泵"正常运转或水分代谢平衡得以恢复，移植树木的成活就有了保证。

（三）确保树形美态

移植树木不修剪或少修剪，除了保住树木"营养工厂"不损失、不停工，有利于供给新根充足的养分之外，还有更为重要的另一作用：保住了树木移植前的树形美态，保证了工程竣工时所栽大树的良好景观效果，就像树木自然原生在此地。更重要的是保障了移植后树木的形态健康和生理健康，有利于树木日后的可持续生长，有利于树木长成美丽的参天大树，有利于树木最佳景观效益和生态效益的稳定发挥（图2-3、图2-4）。

（四）保留原生主枝

原生主枝是树木健康美态和树体结构的基础，原生主枝与树木主干的联系"根"深蒂固（图2-5）。而苗木市场上没有进行过短截修剪的苗木被称为"原冠苗"，是代表行业进步的新的乔木育苗标准。2017年雄安新区园林绿化第一标——"千年秀林"，就明确拒绝砍头树和短截苗，所有乔木必须是"原生冠苗"，拉开了业内接受苗木新标准的序幕。保留原生主枝的原冠苗与砍头树、大抹头修剪的苗木相比，因为没有进行短截修剪，自然就不会产生有安全隐患的干萌条、枝萌条（图2-6）或枯枝（短截修剪的必然结果），确保了树木定植时的树形美态以及今后的健康成长和长寿，为园林绿地带来极大的生态效益、安全效益和景观效益，也为园林绿地的可持续发展作出了巨大的贡献。

图2-3　2009年免修剪移植的潺槁树（广州）

图2-4　2008年移植的大抹头香樟（吉安）

图2-5　"砍头"树的干萌条、枝萌条"根浅易折"

图2-6　原生枝条"根深蒂固"，包裹在木质部年轮中

二、免修剪和适量修剪的具体做法

免修剪是否一定不可以修剪？当然不是。这项技术的最高水平的确可以做到一片叶子都不用修剪而把树木移植成活，但并不意味着一片叶子都不可以剪。在我们能够做到一片叶子都不剪就可以把树木移植成活的前提下，根据不同树种和树木不同生长状态采取适量修剪的做法，修剪掉一部分"无用"的枝条，如内膛枝、重叠枝、徒长枝、病虫枝或影响树形美态的部分枝条，岂不是令移植期树木的水分代谢平衡更容易做到？而且成本更加低廉，技术难度下降。

（一）掌握免修剪的"最高"技术

我们在试验和实践中，应该尽可能地努力掌握免修剪移植的"最高"技术——即挖即移且一片叶子不剪，也能顺利地将大树移活，且有较好的"树冠完好率"。

因此，我们一开始的试验或实操就应该以"一片叶子不剪 + 即挖即移（挖苗的当天移植）"为目标，通过抗蒸腾剂技术、促根技术、树冠降温保湿技术等的综合运用，确保移植期树木水分代谢的基本平衡，为根系的恢复和发展赢得时间和空间。这个过程——从挖苗到移植成活一般不会很长，如果是夏天高温季节，一般 2 周到 3 周就可以基本完成。

"一片叶子不剪 + 即挖即移（挖苗的当天移植）"技术可通过试验掌握，在试验过程中我们还能够很好地掌握起苗、包装、抗蒸腾剂使用、促根剂使用、树冠降温保湿、苗木保护运输等技术环节的经验和数据。当我们熟练地掌握了这些技术环节后，其他技术，包括适量修剪、保留 80% ~ 90% 树冠枝叶的修剪、先挖后移——挖苗后原地保养 7 ~ 10 天再出圃定植等技术操作起来则会更加容易、顺利。

（二）适量修剪技术

在起苗之前，对树冠作适量的修剪，将一些"无用"的枝条，如对内膛枝、重叠枝、徒长枝、病虫枝或影响树形美态的部分枝条进行修剪，并根据每株待移树木的具体情况，修剪量控制在 10% ~ 15% 左右。这样一来，树冠枝叶对水分的需求下降，缓解了移植期水分代谢的严重不平衡状态。因此也降低了采取抗蒸腾剂等技术措施的难度及相应付出的作业成本；同时剪掉了部分对树木生长不利的枝条，让树木"轻装上阵"，可谓一举两得。

（三）修剪的方法

修剪的方法是非常重要的，也是免修剪移植技术体系的关键之一 ——必须采用**"疏枝为主，慎用短截"**，乃至于**"不准短截"**的原则。

修剪的基本方法有两种。一是疏枝——将枝条从基部剪去的修剪方法；二是短截——剪去枝条的一部分的修剪方法。截干和剃头式修剪均属于短截修剪的范畴。短截修剪会造成很多不良后果，如切口腐烂造成枯枝，切口处长出的干萌条和枝萌条由于固着能力差，容易造成劈裂、折枝等安全隐患，更为严重的是，短截不仅会破坏树木自然形成的树形美态和健康合理的树体结构，使树木成为"残疾"或"残废"之树，还会大大缩短树木本该有的预期寿命和健康美丽的生命进程（图2-7～图2-11）。

图2-7 人面子树苗截干后萌生枝再剃头

图2-8 凤凰木树冠下部枝条短截后枯死

图 2-9　橡胶榕短截后枯顶

图 2-10　菩提榕短截后向心枯萎（右侧）

图 2-11　垂榕短截后枯死（佛山）

三、免修剪技术的水分管理

免修剪技术实施之后，如何实现树体水分代谢的平衡？

首先，我们应同时采用抗蒸腾剂技术（前述），使挖苗、起苗后树木水分代谢的不平衡状态得到极大缓解。

其二，我们要确保土球的湿润状态，每天至少要对土球浇一遍透水，有利于土球根系水分的吸收和新根的生长，同时加强对土球水分和树冠水分情况的观察，根据具体情况采取对应措施。

其三，树冠的水分管理，要实施"阳光下的降温管理"，通过适时喷雾（每半小时或一小时喷雾一次）进行降温。也可以通过遮阳网进行遮阴降温。但遮阳网搭设成本较高，且不适宜长时间使用（长时间使用将会导致树木无法适应正常的阳光状态，

图2-12 "飘"雾补水降温的操作

不利于树木的正常生长）。喷雾的方法应该用"飘"雾法，即用喷雾器将水雾打到树冠的上风向，利用微风把水雾吹向树冠，避免直接喷雾冲击树冠叶片上的抗蒸腾剂（图2-12）。

第四节　防腐促根技术

防腐促根技术主要是土球挖好以后，包装之前或之后，对切断的根系伤口（图2-13）施用杀菌防腐药剂，以防止伤口感染腐烂。同时施用促进根系再生的促根激素，促进不定根的发生和生长，尽快使根系恢复正常的生理功能。

一、根系伤口防腐技术

主要防止真菌性病害对根系伤口的感染。防腐的药剂可用一些广谱性的杀菌剂，如多菌灵、甲基托布津、根腐灵、土霉素等，按正常用量兑水于土球的外侧进行喷洒（图2-14）。喷洒时间在土球挖好以后包装之前进行，喷洒量以土球的侧表面湿润为度，

图 2-13　土球的侧表面根系伤口（白色小点）

图 2-14　促根剂喷洒土球表面

超过 2cm 直径的根系切口，还应用伤口涂布剂对伤口进行涂抹和封闭。除了对土球的侧表面处理外，还应对回填在土球底部和四周的土壤进行预先的杀菌消毒，种好以后还可结合浇水用杀菌药剂进行灌根一次或两次，保证杀菌的持续效果。

二、促根剂促根技术

可用一些促进根系生长的植物激素，如萘乙酸（NAA）50 ~ 100ppm、吲哚丁酸（IBA）200 ~ 300ppm 或 ABT 生根粉等。在挖好土球之后对土球的外围或整个土球进行喷洒处理，以促进不定根的发生和生长，使根系能以较快的速度恢复吸收水分和养分的功能，从而使整株大树恢复生机。

过去老式促根剂的剂型如吲哚丁酸等需要先用少量 95% 的酒精溶解后兑水，近年新研发出的吲哚丁酸钠盐或钾盐已经可以直接兑水，使用起来方便很多。

第五节　土壤透气技术

移植大树的根系及土壤的透气状况对大树的成活和恢复生长是十分关键的因素。根系的土壤环境本来就需要良好的透气状况来维持根系的呼吸作用，抑制嫌气细菌的生长和分泌毒素，以及维持适当的水气平衡状态。移植时使根系环境突然发生了变化：

土球包扎捆绑压缩了原有的土壤空隙；树穴可能由于种种原因（土壤质量不良、土壤黏重、树穴下层的生土过多及树穴过小等）导致透气和排水不良；回填土黏重或夯实过度而透气不好。土壤水分与透气状况就像跷跷板的两端，排水不良、浇水过多和连续下雨更会使土壤透气状况雪上加霜。因此，对于移植大树来说，除了尽可能避免出现上述使土壤透气不良的状况以外，采取专门的透气技术来改善土球周边的透气状况，也是提高移植成活率、树冠完好率以及缩短成活保养时间的必要之举。

一、透气袋技术

透气袋的用法相对简单：用塑料纱网制做一个直径 15cm，长度大概 1m 的袋子，里面装满珍珠岩颗粒，两头扎紧。土球入穴以后，把透气袋放在土球四周（注意要紧靠土球）。18 ~ 20cm 胸径的大树用 4 个透气袋，10cm 胸径的树用 3 个透气袋，透气袋的顶部要露出土面 3 ~ 5cm（图 2-15、图 2-16）。这样便可大大改善定植后土球及土球周边的透气状况，使根系呼吸顺畅，新根容易生长，有力地促进根系的快速恢复和水分代谢平衡的建立。

图 2-15　大树用 4 个透气袋（延中绿地，2002 年）　　图 2-16　小树用 3 个透气袋（延中绿地，2002 年）

二、透水管渗灌技术

这是一项从欧洲新引进的技术，在欧洲城市绿化中相当普遍。透水管渗灌技术即

图 2-17　裸根苗的透气渗灌管放置示意图[17]

图 2-18　土球苗的透气渗灌管（移植现场：人民大会堂旁绿地）[17]

是在树木栽植施工时将管壁带有孔洞的透气管道按设计要求，螺旋裹缠在树木根区（土球）位置，透水管上端开口放在土面之上。通过透水管道直接灌水达到根区，可使管内水分在土壤中迅速渗透，有效地增加土球周边土壤的含水量，同时也给根区创造了良好的透气环境（图 2-17、图 2-18）。

透水管渗灌技术有如下优点：一是通过管道的浇水使水分直达根区并向四周渗透，及时补给了水分，又不会像常规的土面浇水那样造成表土板结，同时节约了用水量。二是对需要精细养护的树木，可以随水加肥或加药，解决了传统施肥施药作业的困难。三是透水管道给根区土壤创造了既保障供水又保障透气的双向生态环境，对促进树木生长、改善树木的生存环境起到了很好的作用[16]。

三、塑料透气管技术

为了操作更加方便，不少公司研制了各式各样的塑料透气管，这些透气管直径一般在 10 ～ 15mm，长度 90 ～ 120cm，管壁上有很多孔洞，以利于透气（图 2-19）。这些塑料透气管具有一定硬度，使用上较软软的透气袋方便。此外一些排水工程中应用的多孔的渗水管、排水管，也可以代用（图 2-20、图 2-21）。

使用透气管时要注意三个问题：一是透气管的长度要基本与土球的高度（根系深度）一致，以确保深度的透气效果。二是透气管放置的位置应紧靠土球，才能使它在定植后马上发挥促进新根生长的作用。如透气管离土球较远，则对于提高新栽树木成

图 2-19　有孔渗水透气管

图 2-20　渗排水管有密集孔洞，也可用作透气管

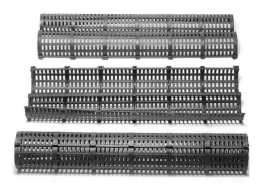

图 2-21　组合式透气管

图 2-22　组合式透气管的应用

活率的意义不大，因为当根系长到透气管所处位置时，新的水分代谢平衡已基本建立。三是透气管放置要高出土面 10cm 左右，以防止被土壤覆盖堵塞透气管，并最好加盖以防止树叶等进入透气管（图 2-22）。

四、透气技术的灵活运用

只要我们了解了透气技术的基本原理，即大树定植初期设法增加土球或根系周围的透气通道，促进新根的发生并保障其呼吸畅顺，以及新的水分代谢平衡的早日建立，就可以缩短成活保养时间、提高移植的成活率和树冠完好率。

在工程施工实践中，技术人员发挥了各自的聪明才智，利用工地上的各种资源，灵活运用透气技术的原理，创造出各种实用廉价的透气技术，如：

（1）**竹子透气管**。2006 年，在长沙的月湖公园工地，施工人员采用了直接用毛竹做的透气管和用竹子编的透气管（图 2-23、图 2-24）。

（2）**砖砌透气井**。2008 年，在广州南沙区的滨海花园工地，施工人员使用工地上废弃的砖头，为移植的香樟大树做了砖砌的透气井（图 2-25）。

（3）**无管透气洞**。技术人员在工地上没有任何透气管材料的无奈情况下，创造出无管透气井技术——用管状的物料做模具，放在土球或根系四周，回土夯实后拔出管状物，然后往空洞里充填沙子、颗粒状的树皮、木屑、陶粒等透气充填物，便完成了成本最低的"无管透气洞"技术（图 2-26 ~ 图 2-28）。

图 2-23　毛竹做的透气管（长沙月湖公园，2006 年）

图 2-24　毛竹编的透气管（长沙月湖公园，2006 年）

图 2-25　砖砌的透气井（广州南沙滨海公园，2008 年）

图 2-26　用木桩做模具的无管透气洞（2009 年）

图 2-27　用雪糕筒做模具的透气洞（2009 年）

图 2-28　回土夯实，拔出雪糕筒后用沙子充填

第六节　营养液或水分滴注技术

　　营养液或水分滴注技术是在大树移植后，在树干上的树皮打一小孔，用类似给人输液的方式向树干的木质部缓慢滴注营养液或水分。这种在大树根系没有恢复正常吸收功能时候，利用非根系吸收的方式向大树补充一定的营养、水分和刺激生长的其他物质，对大树的恢复和成活具有一定的促进作用。现在有很多公司专门生产滴注的设备和营养液。

　　需要指出的是，滴注技术虽有一定效果，但根据目前的实践，普遍应用的效果还不是太理想。

一、滴注技术效果不佳的原因

（一）盲目使用，不懂原理

很多人并不了解什么情况用什么样的溶液，滴到什么地方，起到什么作用。而把营养液或水分滴注技术当成是起死回生的灵丹妙药，往往是看到大树蔫了，就赶紧"打吊针"，而不检查和分析枝叶萎蔫的原因、采取针对性的改善措施。这样做的结果是可想而知的，多数情况是越打越蔫。因此，我们常常看到的现象就是竣工不久的绿化

图 2-29 某地展会上濒死银杏身上挂满了吊袋和瓶子

工地上，一众挂满吊针的死树（图 2-29）。

如果是正常的大树移植，保留一定的树冠和枝叶，仅仅是在移植初期补充受损的水分代谢平衡，那么以补充水分为主的滴注是能够有效缓解树体的水分供应问题的。适当在水分中添加一些激素和营养物质似乎也无可厚非，但一定要注意浓度适中，以水分为主。我们还应该认识到，这种水分补充和外力加持应该是短期的、急救性质的，因而长期使用必然影响树体本身正常水分代谢的恢复；另一方面，如果我们忽略了根系环境的改善，如土壤质量不良、土壤黏重、树穴过小、排水透气不良等问题得不到解决，根系无法恢复正常的生长，那么，打再多的吊针（滴注）也是于事无补的。

（二）没有打对地方

很多人缺乏植物解剖学的知识，不知道打到树体什么地方才能真正让植物顺利吸收。有的参考说明书用手钻打一定深度的小洞，然后将滴注头插入洞内。殊不知，树木树种不同、大小不同、树皮厚度不同，如果洞打得深，滴注头插入到死亡的木质部（导管已被木栓质堵塞），那么滴注的营养液或水是无法输送到树冠的；洞打得浅，有可能树皮都没有打透，同样不行。正确做法是打到树皮以内木质部 1 ~ 2cm（水平深度）深处，即近两三年的活的木质部处，该处的导管能向上输送水分。

二、滴注技术要点

（一）对症下药，浓度适中

移植大树特别是树冠保留基本完整的大树，其主要矛盾是水分代谢的不平衡。因此滴注液的成分主要是洁净的水，也可以根据不同植物、不同状态、不同时段的实际需要，适量添加生长素、促根剂等，也可以添加一些含钾的无机盐，但要注意无机盐的浓度控制在 0.1% ~ 0.2%，切勿浓度过高损伤植物组织。

（二）细心操作，打对位置

打孔的位置根据前人的经验，选择树干基部往上 20 ~ 40cm 的位置，并根据胸径的大小，以每 10cm 胸径打孔 2 个左右为宜；孔径在 3mm 为宜（或与滴注头的直径相宜），钻孔角度为 45° 左右，深度以树皮以内 1 ~ 2cm（水平距离）为宜；滴注速度要反复仔细观察，以"滴得进、流不出（溢出）"为度。

（三）勤加看护，适时停注

滴注开始后，每天至少巡查数次，如有滴不进、流在外、滴光了等异常情况，应及时处理。如有树脂堵塞树孔，也要及时清理。滴注量按需控制，至少分两个时段：一是白天有阳光的光合作用时段，需水较多，可多滴；二是晚上，树冠蒸腾作用停止的时段，可少滴注或不滴注。滴注时间的长短，应按照树体的变化情况来控制。当新叶新芽（新根）大量长出，说明滴注补水已经完成了历史使命，应逐步减量乃至停滴。停止滴注后，对树孔要进行消毒和封闭处理。

我们在移植工程实践中，较少使用这种滴注技术。原因有滴注技术要求较高，操作相对复杂；滴注打孔对树木有一定的伤害和后遗症（如伤口感染腐烂等等）。在整体的移植技术体系比较熟练的情况下，采用滴注的必要性不是很大。但作为其他措施均难奏效的情况下的补救性补水措施，滴注补水还是有效的，应该要求我们技术人员熟悉并掌握这一技术，以备不时之需。

第七节　土球开挖与包装技术

土球的开挖技术、包装材料、包装技术是土球保护和土球质量的关键技术。如果这些技术不过关，土球在起吊运输和卸车入穴等过程容易遇到破损、散球等意外，致使土球根系受到不同程度的损害，从而大大地降低树木移植的成活率和树冠完好率。

一、土球开挖技术

土球开挖技术包括土球规格、土球形状、开挖工具、开挖程序和土球保护等等内容。

（一）土球规格

土球大小是确保树木移植成活率和树冠完好率的关键。国内的教科书和一些行业规范一般都有土球直径应为树木胸径（乔木树干离地面 1.1 ~ 1.3m 处的直径）6 ~ 10倍的规定。国际树木学会提出的标准是"土球直径为胸径的 10 ~ 15 倍，树穴直径为土球直径的 3 倍"，但"不提倡种植胸径大于 10cm 的树木"。根据笔者的移植实践，本书提出了大树免修剪移植的土球标准，供读者参考：

（1）胸径 10cm 以下的树木，土球直径为树木胸径的 10 ~ 15 倍（国际树木学会标准）。

（2）确有必要少量移植大于 10cm 胸径的树木时：胸径 10 ~ 20cm 的树木，土球直径为树木胸径的 8 ~ 10 倍；胸径 20 ~ 50cm 的树木，土球直径为树木胸径的 5 ~ 8 倍；胸径 50cm 以上的树木，土球直径为树木胸径的 3 ~ 5 倍。

土球的高度应达到土球直径的 70% 以上。

（二）土球形状

土球应该选择方形——倒梯形、方形，还是圆形——圆台形、圆柱形、半球形？就笔者的实践经验，方形的土球包装复杂，并与正常根系的分布走向不太吻合（有可能不利于定植后根系的均匀分布以及抗风固着能力的充分形成图2-30、图2-31）。而圆形土球与根系正常分布相对吻合。其中，圆台形土球操作时对底根（位于土球下部的根系）的切断不够彻底，有可能造成未断底根在土球起吊时扯散土球的状况（图2-32）；圆柱形土球在操作时底根无法切断，且底部很难包扎修紧，同样容易散球（图2-33）。综合比较，半球形态的土球比较理想，土表根系保留较多，大部分底根被切断，包装操作也相对方便（图2-34、图2-35）。

图2-30　方形土球的土壤容易碎离，无法紧固

图2-31　方形土球包装成本和难度较大

图2-32　圆台形土球的底根不好切断

图2-33　圆柱形土球难包扎易散球

图 2-34　半球形土球相对理想

图 2-35　半球形包扎较牢靠

（三）开挖工具与程序

土球的开挖工具一般有锄头、铲子、直钎（洞钎）和手锯，锄头用于开挖环状沟，铲子把沟里的土铲走，直钎用于土球切边和断根，手锯用于较大直径根系的锯断。

开挖程序： 清理大树地表附近的杂物与杂草，确定土球的边缘线，用直钎沿边缘线插削一圈，深度达至 10 ～ 15cm，削断或锯断横向根系。然后用锄头在边缘线之外挖环状沟，宽度根据土球直径而定，一般为 40 ～ 80cm。待这 10 ～ 15cm 深度的土壤清理完毕，用直钎开始重复上一操作（注意这一操作的顺序，要保证先削后挖，确保土球边缘清晰完整）。在挖半球形土球时，应于 10cm 深度以下，土球直径开始慢慢向内收窄。还要注意土球开挖以后，人不能再站到土球上面，只能在环状沟的工作面开展挖掘工作，以防止踩碎土球（图 2-36 ～图 2-39）。

图 2-36　画好土球边缘线，直钎切削

图 2-37　直钎切削

图 2-38　挖到土球底部

图 2-39　还需继续修圆，切断底根

图 2-40　土球开挖后、包装前的保护没有做好

图 2-41　土球的环状沟积水

（四）土球保护

土球开挖过程中要做好土球保护，防止土球破碎及土球内的根系受损和裸露。

首先，土球开挖后到土球包扎完成之前，要防止不当外力冲击土球。人不能站在土球上面；开挖程序要记牢——先削后挖，确保土球不被挖散、挖破（图 2-40）。

其二，做好防水。不能让雨水冲击土球，不能让环状沟积水——包括雨水和地下水（图 2-41）。

其三，合理安排工作，开挖到包好土球的时间应控制在一天之内。

其四，如遇寒冷天气，还应做好土球的保温工作，用禾草或薄膜给土球"穿衣"，想方设法不让根系受冻（图 2-42、图 2-43）。

图 2-42　土球的保温和防雨（一）

图 2-43　土球的保温和防雨（二）

二、土球包装技术

土球包装包括包装材料选择和包装技术。土球包装是土球保护的主要屏障，是确保土球和土球内根系完好，以及树木移植成活率和树冠完好率的重要保障。

（一）包装材料

包装材料的选择应符合下列几个原则：一是具有足够的硬度和一定的延展性，以使包装牢靠，紧固土球，经得起土球起吊和运输颠簸；二是操作方便，省工省时；三是满足土球的保湿、保温、透气等功能；四是符合环保要求，对根系和土壤友好，定植后不拆包装对根系生长没有大的影响，或包装材料可自行腐朽或降解，且对土壤没有污染。

1. 禾草绳

禾草绳的土球捆绑技术，即在土球挖好后，用禾草绳自下而上一圈一圈地缠绕并扎实土球（图 2-44、图 2-45）。禾草或禾草绳虽然环保并相对便宜，但操作复杂、费工，而且实践证明不够牢靠，起吊或运输颠簸时很容易散球。

2. 包装布

以棉布条、无纺布、麻包布、包装棉等材料进行土球包裹（图 2-46～图 2-49）。

其中麻包布和包装棉（2 ～ 3mm 厚度）用于土球的内包装能起到很好的保湿和保温作用，故适宜做内包装。也有仅用棉布或无纺布条做一层包装，但这种情况下保护力度远远不够。

图 2-44　禾草绳包装土球中

图 2-45　禾草绳包装土球（完成）

图 2-46　棉布条

图 2-47　棉布条包裹土球

图 2-48　麻包布

图 2-49　包装棉

图 2-50　钩花铁网

图 2-51　土球铁网的修紧铁钩

3. 钩花铁网

钩花铁网有足够的硬度和一定的延展性，是土球外包装的良好材料（图 2-50）。铁网的每一个网扣处均可用铁钩（图 2-51）进行旋扭修紧，哪里松动就修紧哪里，确保铁网紧贴土球，不会出现大的空隙。而且用于土球包扎的铁网网眼一般都在 5cm 以上，当新根长出铁网至根的粗度长到网眼网孔那么大的时候，铁网可能已经锈掉了。因此土球包装在定植时或可不拆，省却了拆包装的工序。土球包装不拆还有个好处，如果定植后觉得定植位置不理想，还可随时进行调整（当然是在一两天之内）而不用担心散球。钩花铁网还可以方便地在现场进行拆分和连合，以适应不同大小的土球。

（二）土球包装技术

通过多年的移植实践，我们推荐采用麻包布和钩花铁网作为土球的内外包装。其包装程序如下：

1. 内包装

土球挖好削平整后，先用包装棉或麻包布包裹土球，再用细绳将包装棉大致捆绑固定一下（图 2-52）。内包装的作用是用于土球的保温、保湿和承担部分的外力缓冲。

2. 外包装

用钩花铁网围起已经覆盖内包装的土球，铁网上端高出土球8～10cm，铁网下端与土球底部相平即可。用两条铁线将上下两端的铁网串联起来，然后进行修紧。修紧的次序是先将铁网围合处进行连合修紧，再将上下两端铁线修紧，这样土球的包装轮廓已初步形成。再观察哪里的铁网不够贴紧土球（用手将铁网向外拉，就可以知道哪里不够贴紧），就在哪里进行修紧，直至铁网全部贴紧土球为止（图2-53～图2-55）。但要注意一点，修紧时在每一个修紧点（网扣处）旋转不要超过两圈半，否则铁网的铁丝可能因疲劳拉伸而断裂。断裂之后，该处就很难进行修补紧固。还要注意钩花铁网的防锈情况，如果准备不拆包装，就不要选用镀锌或涂漆等防锈铁网，确保铁网一定时间后锈掉。

图 2-52　包上内包装，大致捆绑一下

图 2-53　围上钩花铁网，依次修紧

图 2-54　土球修紧作业

图 2-55　土球包装完成

专栏三　钩花铁网规格

可以根据不同批次和土球大小定制不同规格的钩花铁网。网的高度比土球高度高出 10cm 左右，长度与土球的周长等长或略长 5～10cm。

90cm 直径以下的土球，可以用 12 号铁线按 8cm×8cm 网眼规格定做。

90cm 直径以上的土球，可以用 10 号铁线按 6cm×6cm 网眼规格定做。

150cm 直径以上土球，可用 8 号线按 6cm×6cm 网眼规格定做。

铁网的拆分和旋接见专栏图 3-1、专栏图 3-2。

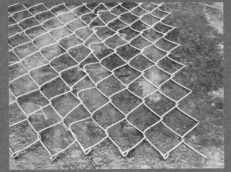 

专栏图 3-1　打开铁网端部的扣将其中一条旋退出来，就可以分拆铁网

专栏图 3-2　在网的边缘旋出一条铁丝，然后将两块铁网旋接在一起

第八节　树干保护技术

大树移植时树干的保护十分重要。树干的木质部是连通根系和树冠的水分和无机盐通道，而紧靠树皮的韧皮部是输送有机营养的通道。因此，确保树干、树皮在移植过程的完整性，无论对于树木生理过程还是树木的树形美态都有着重要作用。

树干的保护主要防止两伤——碰伤和吊伤（树木起吊运输时造成的伤害），其中起吊时的吊伤更应受到重视。因此，我们要针对这两种可能的伤害做好保护措施。首先我们不能不加任何保护就把吊带捆在树干或枝条上，这样很容易拉伤树皮（暴力环剥树皮），树木有极大可能因此死亡（图2-56）。同时，我们还要防止一些不专业的"保护性伤害"，如直接在树干上钉木板，作为起吊时树干受力处的保护。殊不知，这些钉子本身就是对树干的重大伤害（图2-57）。

因此，树冠保护采取的材料和方法必须坚持两个原则：一是对树干没有伤害，二是有足够的强度以承受起吊时的压力。

我们在长沙郊区苗地里，看到苗农对树干的保护非常到位，先用禾草绳一圈一圈地包裹树干，然后用毛竹条捆在禾草绳外，再用禾草绳包裹毛竹条，相当于三层保护（图2-58、图2-59）。内外两层禾草绳作为缓冲保护（禾草绳还有树干保湿和透气的作用，但不应包裹时间过长），中间一层毛竹条作为起吊的受力层。

学习过后，我们在思考，长沙苗农的三层保护是好，但缺点是费工费料，有没有更好的方法？第一层的缓冲材料改成双层或三层麻包布，包裹起来比禾草绳快多了；第二层的毛竹条改为毛竹板，一段毛竹可以制成30～40cm宽度的毛竹板，包裹树干方便快捷（图2-60、图2-61）。如果是较粗的树干，多用两件毛竹板就可解决问题。而且，毛竹板和麻包布都可以循环使用，十分环保和经济。

四川国光农化股份有限公司研发了树木吊装保护板（图2-62）等新型产品，期待更多实用而环保的新产品为树木移植的树干保护保驾护航。

图2-56　吊带直接捆树干上拉伤树皮

图2-57　木板直接钉在树干上造成伤害

图 2-58 长沙禾草绳与毛竹条的树干保护

图 2-59 长沙禾草绳与毛竹条的三层保护

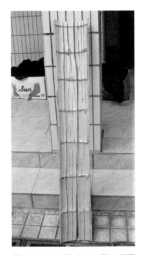

图 2-60 毛竹破开一侧，砸平即成毛竹板

图 2-61 一层麻包布，二层毛竹板方便快捷

图 2-62 四川国光农化股份有限公司的树木吊装保护板

第九节　树冠保护技术

树冠保护无疑是大树移植过程中关键的一环。如果枝叶受损、树冠破相，就意味着整个免修剪移植工程的失败。

一、避免破相修剪

本章第三节已有详述，在此不赘。总之，可以适量修去一些无用的病虫枝、徒长枝、重叠枝等，但原则是只能疏枝，不能短截。

二、做好树冠保湿

按前述要求做好抗蒸腾剂的喷洒，阳光下的"飘"雾、给水、降温等工作。

三、做好树冠收拢、防止机械损伤

除较硬的枝条（如一些针叶树、岭南的木棉树等）无法收拢以外，可以适当收拢的树冠枝条应作适当收拢缩冠工作，使之更有利于保护树冠。特别是当树冠超过车厢的宽度和高度时更要做好树冠收拢（图2-63、图2-64）。要仔细做好防止树冠机械损伤的所有工作，包括树冠收拢，树冠在起吊和车厢中的位置和固定等避免损伤的措施，以及树冠防晒、保湿的透气包裹等（图2-65）。

图 2-63　收拢中的桂花树（看到原来冠幅）　　　　图 2-64　基本完成收拢的桂花树

图 2-65　树冠土球均保护不足

第十节　起吊运输的树体保护技术

起吊、装车、运输、卸车（起吊入穴）等环节均要做好树体保护。树体保护分为三个部分：土球保护、树干保护、树冠保护；从程序上可以分为四个阶段：挖树阶段、起吊装车阶段、运输阶段、卸车入穴阶段。树体保护是免修剪移植成功的关键，也是免修剪移植过程中成本付出最大的部分。

一、起吊

起吊是从苗地或堆放地将苗木吊装于运输的车厢上。起吊一般有几种方法，如人字吊、兜底吊、树干吊等。

（一）人字吊

将树体设置两个受力点，一个在土球上，一个在树干上（图2-66）。捆绑时用两条吊带，捆绑吊点时要注意把主要的受力点放在土球上，土球上包裹着牢靠的铁网，受力一般没有大的问题；树干受力点虽有麻包布和毛竹板的包裹，如果受力过大，对树皮还是存在受损的可能性。人字吊两个受力点，起吊时控制树体旋转或漂移相对容易，因此这个起吊方法是较为安全和稳妥的（图2-67）。

（二）兜底吊

兜底吊是将吊带在土球中部兜底而过，然后在树干胸径处捆绑固定（图2-68）。起吊时树体基本垂直于地面。兜底吊也是较为安全的一种起吊方法，缺点就是操作相对复杂一些，如捆绑时吊带要兜底而过，松绑时由于底部吊带被土球压着，抽出吊带也较费力。同时，要注意吊带在起吊拉直时可能会扫断枝条（图2-69就可明显看出起吊拉直时，吊带扫断枝条）。

图2-66 人字吊，两吊带，两个受力点

图2-67 人字吊起吊时的情况

图2-68 兜底吊，吊带穿过土球底部

图2-69 兜底吊起吊时的情形

（三）树干吊

树干吊就是将吊带捆绑在树干上，起吊树木（图 2-70～图 2-72）。操作相对简单方便，当然缺点也很明显，吊带捆绑处树干容易受损。在树体土球重量不大，树干吊绑处做足保护措施的前提下，还是可以使用的。土球直径大于 80cm 的树木，或树干树皮容易受损的树木不建议使用此种起吊方法。

图 2-70　树干吊（一）

图 2-71　树干吊（二）

图 2-72　树干吊装车

二、装车

将树木起吊到车厢里，固定好，这是运输前的一个关键环节。装车与树体固定保护做得不好，也将有可能使大树移植"前功尽弃"。装车包括吊装放置技术、土球固定保护技术、主干固定保护技术、树冠保护技术等。

（一）吊装放置技术

吊装放置技术虽然并不复杂，但要做到完美也不容易。吊装放置技术有如下要求。

1. 一次到位

吊车司机与吊装指挥员要配合默契，小心轻放，准确到位。不能反复起吊移位，最好是一次将树木放置到位，避免反复移动伤害树体。

| （a）国外苗木运输 | （b）国内苗木运输 |

图 2-73　球前冠后的苗木运输

2. 球前冠后

放置的方位一定是土球在前面，树冠在后面（图 2-73）。这样做的好处是土球位于车厢颠簸程度较低的两对车轮之间，大大降低了因过于颠簸而散球的风险；树冠在后面，斜向或平行于后方，行车时树冠的方位是顺风，也大大降低了风力对树冠的伤害。

（二）土球固定保护技术

土球在车厢内的固定与保护，是树体保护的重中之重。树苗运输到定植地点时，土球完好与否是移植成活率的重要标志。那么，土球在车厢中最大的威胁是什么？摇动和颠簸！土球在颠簸运动中及自重压力下散球风险升高。故此，采取适当措施，使土球固定以减少摇动，或提供支撑以减少自重对土球的压力就成为我们考虑的重点。

我们设计制造了一对三角形角铁架（等腰直角三角形），用于车厢内固定土球。同时在三脚架的两侧增设了活动顶板。当土球放置在两个三脚架之中时，活动顶板可以将三脚架顶向土球方向，将土球卡紧。这样在使土球位置稳定、防止摇动之余，还将土球的自重压力由原来的最低点分散至两侧的三脚架中，起到很好的压力分散作用（图 2-74、图 2-75），大大降低了因运输颠簸而造成散球的风险。

（三）主干固定保护技术

主干连接根系和树冠，无论是树木的生理结构、物理结构和表现树形美态的外观

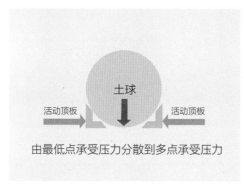

图 2-74 土球压力分散技术示意图

图 2-75 三脚架与活动顶板

结构，主干均是不可或缺的主角。因此，主干在运输过程中的严格保护显然是不容忽略的。同时，主干固定保护好了，对其两端的土球和树冠的保护也是一大助力。

我们设计了一种用于大树苗木的树干活动支承架，支承部位可以更换不同高度的支承活套，以适应不同土球直径和不同支承高度的树苗（图2-76～图2-80）。

（四）树冠保护技术

树冠保护同样是大树移植中重要的一环。我们要采取适当的技术措施，确保在运输过程中树冠的枝叶不受伤、不枯萎、不"破相"。

（1）做好树冠收拢。能收拢的树冠应切实做好树冠的收拢工作。

（2）做好树冠包装。用黑网或其他透气材料包裹树冠，能起到防止损伤、遮挡烈日、减缓运输时的风力损害等作用。

图 2-76 主干支承架

图 2-77 主干支承架套上低位活套

图2-78 主干支承架套上高位活套

图2-79 主干支承架加上缓冲垫

图2-80 主干支承架支承树干

图2-81 叠罗汉式的树木装车

（3）做好树冠固定。树冠在车厢内的固定要视具体情况采取相应的固定措施。一般而言，如果树冠收拢和包装做好，主干也如前述采取了可靠的固定措施，那么树冠固定的特别措施或可省略（树干不动，树冠也会不动）。如果主干固定措施不够可靠，或可增加树冠固定的措施，如将数个主枝用绳子拉往车厢边缘的立柱或栏杆上进行固定。有些移栽过程对树冠保护不重视，装车运输时不收拢、包装树冠，甚至用叠罗汉的方式放置树苗，自然是不可取的（图2-81）。

（4）做好防风保湿。树冠防风保湿措施包括适时喷雾、喷洒抗蒸腾剂、防强风、防日灼等等，还应包括运输路线和运输时段的选择（详见下文）。

三、运输

运输时的树体保护包括车辆运行的监控和对树体的悉心照顾。

（一）车速

车速不能过快，以防过于颠簸，对土球、树冠造成损伤。要在一定车速和减少颠簸之间寻找平衡点，并以减少颠簸为首选原则。在路况不好的路段，更要放慢车速，减少颠簸，保护树体。

（二）运输时段及路线

在确保减少颠簸和树体安全的前提下，尽量缩短运输耗时，减少在路上的时间。夏天尽可能选择太阳下山以后的阴凉时段，不要选择烈日当空的时段。尽可能选择路况良好的路段，必要时宁愿多走路也要避开路况不好的颠簸路段。

（三）树体的观察照顾

经常观察树体的细微变化，防止树体因运输而移位、受伤，树体因失水萎蔫等等，一旦发现异常，及时采取应对措施。

四、起吊

苗木在车厢的起吊程序基本上和在苗地里的起吊程序相同。起吊方式仍然是推荐较为安全可靠的"人字吊"。"兜底吊"一定注意起吊时要慢慢来，防止吊带在起吊时绷紧过快而扫断枝条。"树干吊"使起吊压力过于集中于一点，树干树皮受损风险过大，一般情况下不推荐采取这种起吊方式，特别是土球体积较大的苗木。

五、入穴

起吊入穴是从运输环节过渡到种植环节的一道工序，同样关系到大树的成活率和树冠完好率。

（一）树穴

树穴的大小和质量对成活率是至关重要的。

1. 树穴大小

一些教科书和过时的种植规范里面往往写着树穴应该比土球大多少厘米，而没有限定土球大小的原则（如果土球偏小或过小，树穴也跟着变小？）。按这样的不恰当的原则去确定树穴的大小是错误的。我们认为，树穴大小并不能简单地按土球大小来确定，其确定的原则首先是考虑树木根系将来（数十年）成长为大树的实际需要，其次是栽植环境、土壤条件等等因素。上海法租界当年种植法桐时，种植的是 1 米多高的小树苗，但树穴却要 2m×2m×2m，树穴体积为 8m³，这才是一个相对正确的做法。

国际树木学会则规定，树穴直径为土球直径的 3 倍，前提是土球直径是胸径的 10 ~ 15 倍。但国际树木学会不提倡种植胸径超过 10cm 的树。如胸径 10cm，土球直径至少 1m，树穴直径就要 3m。

国内目前的标准，上海《行道树栽植技术规程》DBJ 08-54—96 的种植要求是树穴不小于 1.5m×1.25m×1m；浙江省《城市行道树种植与养护技术规范》DB33T 2486—2022 对行道树种植的要求是树穴直径不少于 1.5m 深度不少于 1m；广州市《行道树种植养护技术规范》DB 4401/T 167—2022 对行道树种植的要求是树穴不小于 1.5m×1.5m×1.5m；《合肥市行道树施工导则》要求行道树种植时树穴不小于 1.6m×1.6m×1.6m。

法国巴黎种树的标准树穴大小是 2m×2m×2m，大树的树穴大小标准是 3m×3m×3m。那么，大树种植的树穴标准要跟国际标准接轨，还是继续沿用我们传统的标准？我们认为，应该尽可能地与这些科学合理的国际标准靠拢。当然，行业技术相对落后的现实对于在国内推行国际标准有较大的难度。我们在这里提出一个折中的方案，可用两个方式来考虑大树移植树穴的标准：一是普通标准，行道树和其他绿地的所有乔木应该按照不小于 1.6m×1.6m×1.6m 的标准（时机成熟时向 2m×2m×2m 的树穴标准靠拢），适用于胸径不大于 10cm 的树苗；二是特别标准，树穴直径不小于土球直径的 1 倍，树穴的深度不小于土球高度的 1.5 倍，适用于胸径在 20cm 以上的树木。

2. 树穴质量

（1）空间质量

树穴质量首先是树穴的空间质量要达标，树穴应是圆柱形或正方形，树穴边缘要垂直到底（图2-82），不能挖得像半球形、锅底形（图2-83）。这就需要用到起苗时使用的直钊（洞钊）进行树穴边缘的修边作业。将来可以研发合适的树穴开挖机械或智能设备。

图2-82 树穴边缘要垂直

图2-83 大小和形态均不合格的树穴

（2）土壤质量

各种植深度的土壤均须符合当地种植土标准，对不达标的土壤要进行改良，土壤质量太差（如以建筑垃圾为主的土壤，或生黏土、高岭土等）的要换客土，质量勉强可以的土壤要掺入有机质、土壤改良剂等进行改良，直至土壤质量符合种植标准。

除了当地的种植土标准以外，还有一个可以考虑的标准，就是郭橐驼的"其土欲故"。能用"故土"、原土种植当然是最理想的。但在多数情况下是难以实现的。我们可以这样操作：土壤的主要理化指标要接近于这批苗木原产地或原苗地土壤的主要理化指标，差异较大时应改良至接近或相若。这也是提高大树移植成活率和树冠完好率的一个有效办法。当然了，这个接近和相若的理化指标也应以在合格种植土标准之内为宜。特别重要的大树，有条件的情况下可使用苗地土壤，将起苗时挖出的土壤带走，土球在定植地点入穴后，回填到土球四周（详见第二章第一节的"回填宿土"）。

土壤标准中包含的理化指标有很多，哪些是应主要参考的呢？在实践中，可选择 2 ~ 4 个主要指标（图 2-84）。如只看两个指标则为土壤的 pH 值和 EC 值。pH 值即是酸碱度，南方的标准多在 5.5 ~ 7.5；北方的标准多在 5.5 ~ 8.5。EC 值即是土壤溶液的电导率，提示的是土壤溶液中无机盐浓度，广州的种植土 EC 值标准是 0.16 ~ 0.80[①]，过低说明土壤中无机盐浓度偏低，土壤营养匮乏；过高则表示土壤中盐分偏高，有可能是盐碱土，对非耐盐碱植物不利。这两个指标可以在现场用便携式 pH 计和 EC 计进行速测，方便快捷（图 2-85）。通常情况下，这两个基本的理化指标如没有问题，就说明树穴土壤基本可用。

　　如果再谨慎一些，可看 4 个指标，即在 pH 值和 EC 值的基础上增加土壤有机质和土壤质地两个指标。土壤有机质是土壤熟化或肥沃程度的重要指标，日本有机果园

通用种植土的 4 个基本理化指标

项目	指标
pH 值	5.5~7.5
EC（ms/cm）	0.16~0.80
有机质（g/kg）	≥ 24.6（2.46%）（一级种植土）
质地	沙质壤土、壤土、黏壤土等

通用种植土的 10 个主要理化指标

项目	指标	
	一级种植土	二级种植土
有机质（g/kg）	≥ 24.6	17.6~24.6
全氮（g/kg）	≥ 1.02	0.75~1.02
全磷（g/kg）	≥ 14.0	1.06~1.40
全钾（g/kg）	≥ 21.50	20.50~21.50
水解氮（mg/kg）	≥ 90	54~90
速效钾（mg/kg）	≥ 150	73~150
有效磷（mg/kg）	≥ 30	19~30
通气孔隙度（%）	≥ 10.1	
容重（g/cm³）	≤ 1.25	
石砾含量 %（质量）	≤ 25（其中粒径 ≥ 3cm 的石砾：≤ 10）	

引自《园林种植土》DB4401/T 36—2019

图 2-84　广州园林种植土的理化指标[②]

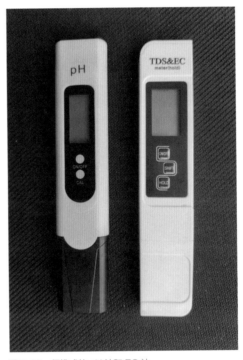

图 2-85　便携式的 pH 计和 EC 计

---

①　广州市市场监督局 .《园林种植土》DB4401/T 36—2019。

②　同①。

的土壤有机质含量高达 6.8%，中国北大荒没有开发的黑土，有机质含量在 3% ~ 6%，我国农田在缺乏轮作和有机质补充的现状下，熟耕土有机质含量平均为 0.8%，广州市地方标准《园林种植土》DB4401/T 36—2019 中规定一级种植土有机质含量为 2.46%。从以上几个数据我们可以得出一个结论：优质的种植土有机质含量应该在 2% 以上。无论采用何种改土方案，均应增加土壤有机质含量使之达标。

土壤质地即是土壤成分组成，有黏土、壤土、沙土等，细分下去还有不少类别。这个指标当然是壤土最为理想，一般肉眼观察就可以有大致的结果。对黏土和沙土应进行适当改良，如黏土掺沙、沙土掺黏等等。这种改良方式在现场往往是难以操作的。过于砂质或黏质的土壤，建议采用合格的客土取代方案。

在实际操作中，土壤有机质和土壤质地两个指标，其实都可以现场用肉眼进行基本的判断，一般情况下不用自己检测或送检。当然，施工程序需要送检的又当别论。土壤 pH 值和 EC 值两个指标则以仪器检测为准，肉眼无法准确判断。笔者建议我们的技术人员最好随身携带"两支枪"——pH 计和 EC 计，以作现场随时随地的速测之用，快速判断现场土壤的关键指标，并采取相应的改良措施。

（3）排水质量

树穴中的水必须能及时排走，不能有积水之虞，否则树木栽种以后就容易积水烂根，导致其生长不良或死亡。这就需要我们不但要关注树穴内土壤的状况，还要关注到树穴外土壤的状况。树穴内的土壤不合格，可以换客土或进行改良作业；如树穴外的土壤质量不行，如黏重积水，就要采取扩穴排水、盲管排水等措施，消除积水隐患（图 2-86、图 2-87）。还可以垂直埋设一根直径不少于 12cm 的水位观察管，观察管下端要到树穴底部，上端要高出大树种植后的土面 10cm。该管可以在日后管养时观察树穴是否积水，还可以作为发现积水时抽排积水的"井管"。

（二）基肥

基肥的作用对于大树移植来说，主要是增加较深层（20cm 以下的土壤）土壤的肥力。因为对于较深层土壤，如果采用不开挖的施肥措施，其肥液多半是到达不了这个层次的，特别是土球下面的土壤。因此，基肥的作用对于树木根系的深层伸展和树木成活后的生长是十分重要的。

图2-86 严重积水的绿地树穴　　　　　　　　图2-87 严重积水的广场铺装地树穴

1. 基肥选择

肥料种类主要有有机肥、无机肥、有机无机复合肥三大类。有机肥也有很多种，建议选择腐熟的、盐分浓度不高的有机肥。盐分浓度过高（如鸡粪等）的有机肥应掺混低盐分的有机质，降低其盐分浓度至0.5%以下，确保基肥施用后不会"上咸""烧根"。无机肥多属化肥，盐分浓度较高，施用过多对土壤不利，直接用作基肥不太适合，一般不建议施用。

2. 菌肥

有机肥的大类当中，菌肥是非常值得我们重视、但目前业内了解和使用不多的一类具有生物活性的有机肥。菌肥是微生物肥料的俗称。它是一种含有活菌的辅助肥料。土壤中有大量微生物，每克土壤中通常含有数亿到数十亿的微生物，有些对植物的生长和发育有利，而另一些则有害。人们利用科学方法从土壤中分离和选择有用的微生物，培养、繁殖和生产有益菌肥料。菌肥通过有益微生物的生命活动，对抗有害微生物，促进土壤养分的转化，提高土壤养分的有效性，改善植物的营养状况，并提高土壤肥力。

在大树移植过程中，如何重建有利于大树生长的、健康的土壤生态系统，有益的微生物是不可或缺的。特别是目前大部分的绿化工程在不保护表土、不重视土壤质量的现实之下，严重缺乏富含有机质和微生物的"生土"——基坑土、深层山泥的淀积层"土"，成为我们新建绿地的"土壤"主体，使土壤改良工作举步维艰。而土壤微生物或微生态的健康往往不在种植土的标准指标之列，也是使这个重要的土壤健康因素被严重忽略的原因之一。

（1）菌肥的作用

改善土壤养分供应。菌肥可以促进土壤中不溶性养分的溶解和释放。这些活性菌类在代谢过程中释放大量无机和有机物质，促进硅、铝、铁、镁、钼等微量元素在土壤中的释放和螯合，有效打破土壤硬化，促进团聚体结构的形成，转化土壤固定的无效肥料，改善土壤有效养分的供应、通气状况和孔隙率。

提高植物根系对水分的吸收。菌根菌肥能改变叶片的气孔开合度和蒸腾速率，促进植物根系吸收水分，使水分利用率提高，增进植物抗旱、抗涝性并提高种植和移植成活率。

促进植物生长。菌肥可调节和促进作物的生长和发育。同时可以促进赤霉素、生长素等活性成分的产生。

提高植物抗病性和抗逆性。菌肥中的某些菌株具有分泌抗生素和多种活性酶的功能，以抑制或杀死病原真菌和细菌；因此，施用菌肥可以减少病虫害的发生，提高植物的抗逆性。例如，它可以控制和抑制青枯病等植物病害。菌肥还具有明显的抗旱、抗寒、耐调节和抗盐碱作用，提高作物的抗病性，有效防止作物生理病害的发生。

提高产量和质量。菌肥可以提高农产品中维生素 C、氨基酸和糖的含量，有效降低硝酸盐的含量，生产出的农产品美味、美观。它还可以提高作物产量[17]。

（2）菌肥的种类

生物菌肥根据其作用的不同，可以分为以下 5 类[18]。

1）有固氮作用的菌肥：包括根瘤菌、固氮菌、固氮蓝藻等。

2）分解土壤有机物的菌肥：包括有机磷细菌和复合细菌等。

3）分解土壤中难溶性矿物的菌肥：包括硅酸盐细菌、无机磷细菌等。

4）促进作物对土壤养分利用的菌肥：包括菌根菌等。

5）抗病及刺激作物生长的菌肥：包括抗生菌、增产菌等。

市售的菌肥产品种类较多，下面是市场上常见的菌肥品种及其作用[18]：

1）枯草芽孢杆菌：增加作物抗逆性、固氮。

2）地衣芽孢杆菌：抗病、杀灭有害菌。

3）解淀粉芽孢杆菌：分泌抗菌物质，产生拮抗作用，促进营养与空间的竞争，诱导寄主产生抗性和促进植物生长。

4）巨大芽孢杆菌：解磷（磷细菌），具有很好的降解土壤中有机磷的功效。

5）胶冻样芽孢杆菌：解钾，释放出可溶性钾元素及钙、硫、镁、铁、锌、钼、锰等微量元素。

6）侧孢芽孢杆菌：促根、杀菌及降解重金属。

7）胶质芽孢杆菌：有溶磷、释钾和固氮功能，分泌多种酶，增强作物对一些病害的抵抗力。

8）泾阳链霉菌：具有增强土壤肥力、刺激作物生长的能力。

9）菌根真菌：扩大根系吸收面，增加对原根毛吸收范围外的元素（特别是磷）的吸收能力。

10）棕色固氮菌：固定空气中的游离氮，增产。

11）圆褐固氮菌：固氮，提高作物产量。

12）放线菌：拮抗病原菌、防病壮菌的作用，分泌细胞分裂素促进作物的生长。

13）光合菌群：合成糖类、氨基酸类、维生素类、氮素化合物、抗病毒物质和生理活性物质等，肥沃土壤，促进动植物生长。

14）乳酸菌群：具有很强的杀菌能力，能有效抑制有害微生物的活动和有机物的急剧腐败分解，能够分解在常态下不易分解的木质素和纤维素，并使有机物发酵分解。乳酸菌还能够抑制连作障碍产生的致病菌增殖。

15）酵母菌群：合成促进根系生长及细胞分裂的活性物质以及促进其他有效微生物增殖所需要的基质（食物），提供重要的给养保障。

16）凝结芽孢杆菌：可降低环境中的氨气、硫化氢等有害气体，提高果实中氨基酸的含量。

17）米曲霉：使秸秆中的有机质成为植物生长所需的营养，提高土壤有机质，改善土壤结构。分解蛋白质、纤维素、半纤维素、木质素等，降解能力强，同时能够达到升温、除臭、消除病虫害和杂草种子、提高养分的效果。

18）黑曲霉：裂解大分子有机物和难溶无机物，便于作物吸收利用，改善土壤结构，增强土壤肥力，提高作物产量。

19）绿色木霉：是产纤维素酶活性最高的菌株之一，所产生的纤维素酶对作物有降解作用，效果非常好。同时绿色木霉又是一种资源丰富的拮抗微生物，具有保护和治疗双重功效，可有效防治土传性病害。

20）哈茨木霉：用来预防由腐霉菌、立枯丝核菌、镰刀菌、黑根霉、柱孢霉、核盘菌、齐整小核菌等病原菌引起的植物病害。

21）淡紫拟青霉：对多种线虫都有防治效能，是防治根结线虫最有前途的生防制剂。

22）白僵菌：在自然条件下通过体壁接触感染、杀死害虫。

23）绿僵菌：能够寄生于多种害虫的一类杀虫真菌，通过体表入侵作用进入害虫体内，在害虫体内不断增殖，通过消耗营养、机械穿透、产生毒素带来危害，并不断在害虫种群中传播，使害虫致死。

24）EM菌：由双歧菌、乳酸菌、芽孢杆菌（地衣芽孢杆菌、枯草芽孢杆菌、胶质芽孢杆菌、苏云金芽孢杆菌等）、光合细菌、酵母菌、放线菌、醋酸菌等单一菌种经特殊工艺单独扩培、发酵、喷雾干燥而成的高效复合微生物菌种。

（3）自制菌根菌肥

菌根真菌是根际微生物的重要种类，与植物的根系呈共生状态，相互依存，相互促进。研究发现97%的植物有菌根真菌。菌根真菌又可分为三大类，内生菌根真菌、外生菌根真菌和内外生菌根真菌，已报道的就有上千种[19]。

也就是说，不同的植物可能有不同的菌根真菌。我们要逐一去分离、鉴定、接种验证以及培养生产，工作量无疑是巨大的。相关科研院所应该从事这样的应用基础研究。

作为应用单位和企业，也可以用简单有效的办法，去培养某一树种的专属菌根真菌，以供树木移植或古树大树复壮之用。北京市园林局的丛生老师在这方面有丰富的经验，自制菌土用于抢救大量古树名木，取得了良好效果[20]。

菌土采集。当我们需要抢救、复壮或移植某个树种的大树古树时，可直接采集该树种在自然林下的菌土。首先去野外找到该树种的群落，去掉土壤表层的新落叶，将表层以下半腐熟至完全腐熟的落叶和同树种的毛根挖掘出来，装入袋中，运到施工现场或制备现场待用。在采菌土的过程中，为避免携带其他致病菌、线虫、杂草种子等杂质，应选择清洁健壮的同种树的林地取土（取土林地应注意随时恢复覆盖）。采集的菌土应避免放置过久发酵，一般在1～2天内施用到古树大树的复壮沟或移植树木土球周边土壤中[20]。

菌土配置。每50kg菌土掺入细玉米面1kg、过磷酸钙1.5kg，混合均匀备用。

如果是古树大树的复壮，一定要从古树大树的树冠投影边缘开始，小心挖掘小探洞，找到复壮古树大树的须根位置，然后在有须根的边缘外侧挖复壮洞或复壮沟。在挖沟或挖洞过程中注意尽量减少对根系的伤害，挖掘的深度应达到 60～80cm。菌土与挖复壮沟时挖出的树下原表土以 1∶1 的比例混合后施入。根区以外按菌土与树下原表土 1∶10 混合填埋[20]。

3. 基肥施用

如果是新移植的大树，各类菌肥则可参照基肥施用的方法。

基肥施用有两种方法，一种是和挖出来的树穴土充分均匀混合，但必须在混合后检测其 EC 值和 pH 值有没有超标；另一种是相对集中施用，如树穴回填的底土，分层施放基肥，每层均匀施放腐熟有机肥 2～3cm，每层的间隔约 10cm 厚度。土球周边的回填土也可按此层次施放，但有机肥不要靠近土球边缘，要有 10cm 左右的安全距离，避免新根长出来之后直接接触有机肥。

（三）底土

底土就是树穴中土球下方的土壤。当然，细分有挖树穴挖出来的底土和回填回去的底土之分。如果原来是自然土层（未经人工扰动），20～30cm 的表土一般是腐殖质丰富的肥沃表土，应着重收集准备回填之用。30cm 以下的土壤多是生土（淀积层土），往往没有根系和有机质，缺乏养分，酸碱度偏高，微生物匮乏等等。因此，挖出来的底土不宜直接回填，应检测后作适当改良再用。如改良价值不高者，则可用合格的客土代替。如果绿地上是人为的回填土，那就要在不同方位和深度取样检测，合格后方可使用。

土球入穴前要回填底土，并分层夯实。首先要确定待回填底土的质量是否合格，如不合格则要改良至合格或用合格的客土。其次回填时要和基肥施用一起作业。其三要分层夯实，以防止土球入穴后出现土球下沉、倾斜等状况。夯实分层的每层深度控制在 15cm 左右，夯实的压实度控制在 0.70～0.75。底土的回填高度及回填形状要根据土球的高度和形状而定，一般情况下可以略高于预留土球高度 10cm 左右，使土球入穴后与土面持平或略高几厘米为宜。同时，半球形的土球，底土回填的形态还要与半球形对接，防止土球下面出现土壤虚陷而导致土球和树体倾斜。

（四）土球周边土

土球入穴以后，土球周边土回填，同样应以合格土壤进行分层夯实回填，并施足基肥。在这里，仍需强调的是分层夯实，底土和土球周边土的分层夯实是确保树木种植以后，不因树木自重和下雨、浇水而出现明显下沉与倾斜的关键，一定不可掉以轻心。

第十一节　技术之外

树木移植技术中最重要的是什么？前面说的十大技术都重要，均是技术体系中不可或缺的技术，希望我们能认真领会，熟练掌握，并能举一反三，触类旁通，灵活运用到我们的移植实践中去。

其实，最重要的不在于此。笔者曾经在全国各地讲解"大树免修剪移植技术要点"时，总共讲了八点，第一点却是"感情投入要居首"。何解？

一、天生万物皆有情

有句俗话耳熟能详："人非草木，孰能无情？"这话其实是错的，错在它的前提。它的前提是"草木无情"。

植物不像动物，不会发声，好像看不出它的喜怒哀怨。如果由此而得出"草木无情"是过于偏颇了。

万物有情，万物有灵。植物也具有感知能力。如著名的"巴克斯特试验"，1966 年美国中情局的测谎专家克里夫·巴克斯特（Cleve Backster）将测谎仪的电极接到室内的一株龙舌兰上，仪器出现与人相似的曲线。给它浇水时，出现了像人高兴时感情激动的图形；给它伤害时，仪器也有恐惧的反应。进一步试验时，发现植物还有记忆，能记住曾经伤害过它的同伴的人。

林则徐在《惩阻挠议》中就水稻北移经验总结了三句话：（植物栽培应）"因天之时，因地之利，因人之情"[21]。

他告诫我们，植物栽培、农业生产，既要讲究和顺应天时地利，更要人的感情投入。回顾林则徐先生的生涯，人们熟知的是"虎门销烟"，其实，他不仅仅是民族英雄，在水利、农业等方面也颇有建树。

俗话说，"人挪活，树挪死。"园林人从事树木移植时有点像孕妇分娩，实在是凶险异常。移好了是新生，移不好，前途堪忧。所以，树木移植过程是树木命运和抗逆性最脆弱的时候，更需要我们的爱心关怀和悉心照顾。其中，精湛的移植技术自然是少不了的。问题是，技术从何而来？

二、有感情才有技术

树木是园林绿地的主体，人居环境生态修复不可或缺的主角。它们是我们园林人职业生涯中天天都要面对的工作对象，如果我们对它们毫无感情，结果自然是不乐观、不理想的。

"有感情才有技术"，这是笔者常常对年轻人说的一句话。我们对待我们的栽培对象或工作对象——各种植物、花草树木应有感情，感恩它们为人类营造了良好的生态环境，为人类的衣食住行提供了不可或缺的食物、药物和原料，感恩它们与人类一路走来相互依存、荣辱与共，以及人类精神生活不可或缺的诗词歌赋等，这一切均离不开植物。

我们还应该感恩植物为园林人营造了良好的工作环境，每天面对着众多的植物朋友，不仅我们的工作环境绿树成荫、美丽宜人，更重要的是我们的工作就在花丛中，羡煞旁人。当然我们还要感恩它们给我们带来的各种效益和收入。

带着这种感恩的心，我们就会像对待自己的孩子一样对待树木，发自内心地"爱树若子"，时刻关心它们的饥渴冷暖，自然会用尽一切所掌握的知识和技术，小心细致地做好树木移植和养护管理的所有工作，去照顾树木的根系恢复、生理重建，使之健康成长。在这过程中我们的技术和经验自然而然地与日俱增，日渐精湛，久久为功，甚至有所发现、有所发明，很快就会成为行家里手，乃至于行业翘楚！

反之，如果我们对植物毫无感情，没有感恩之心，对待植物毫不在意，漠不关心，应付式地得过且过，甚至有意无意地虐待它们（图 2-88 ~ 图 2-91）。久而久之，我们移植的树木必然成活率低，存活下来的也会生长不良，生态效益、景观效益乃至于经济效益自然不佳（绿化工程施工中死一棵树我们可能要付出三棵树的成本）。在这过程中，我们能学到东西吗？我们的知识和经验必然是裹足不前，事业及上进之途也必然不顺。

图 2-88　绿化施工现场水泥浆灌进树坑无人理会

图 2-89　盛夏中午树木裸根在阳光下暴晒

图 2-90 某市新公园清
理死树——"尸横遍野"

图 2-91 某市新建绿地
还没清理的死树

三、爱树若子是情怀

　　有感情才有技术，有技术才有能力，有能力才会成功。我们对接触的植物付出真
心与真情，也必然会收到回应和回馈。这就是笔者四十多年职业生涯的重要感悟。

从哲理的角度看，感情也好，情怀也罢，其实是"道"，而技术属"器"或"术"。《易·系辞上》："形而上者谓之道，形而下者谓之器。"老子提出："朴（道）散则为器。"认为"道"在"器"先。所以，悟"道"比学"术"更重要。有道统领，术不远尔！

四、多种树、种好树是核心

对风景园林来说，绿地是主体，大树是主角，是核心。2014 年 11 月 1 日至 2 日，习近平总书记在福建考察期间，深情地嘱托福州市领导：现在许多地方都在植草坪。我在福建福州时，就提倡多种树，少种草。榕树遮风挡雨，成活率高。抓生态，榕树是很好的选择，福州要多种榕树！[22]。2016 年习近平主席在植树节讲话中就说道："多种树，种好树，管好树"。清华大学已故的陈志华教授在回答晚辈关于风景园林最重要的事情是什么的时候，他也只说了三个字——"多种树"。可见，"多种树、种好树、管好树"是风景园林和生态修复的主旨和核心内容，种树技术是风景园林的核心技术，是园林人每天要面对的主要工作。

那么，如何多种树、种好树和管好树？"爱树若子是情怀"，也是我们风景园林的"道"。就让我们从"爱树若子"开始吧。

第三章

免修剪
移植技术的实施程序

本章介绍大树免修剪移植技术从计划、选苗、起苗、土球开挖与包装、
苗木吊装、苗木运输、苗木卸车到苗木种植和养护的各个工序细节。

第一节　计划

进行大树免修剪移植工程之前，首先要作好详细的调研和策划，并做出高质量的计划书。

一、调研

（一）用苗调研

调研工程项目对所有大树的需求，深入研究分析工程量清单和设计图纸以及工程的工期要求，了解工程项目对苗木的规格要求和特殊要求，并确定苗木调研的方向。

（二）苗源调研

根据工程的苗木需求，尽可能在本地苗源范围内寻找符合工程要求的苗木。如非必要（本地没有所需苗源），不要外地调苗、远距离调苗，以确保苗木对本地风土气候的适应性、移植工程的时效性以及移植成活率和树冠完好率。如果为了节省资金而动辄千里调苗，往往因为上述种种原因而导致成活率等的大幅下降，反而会得不偿失（死掉一棵树苗要付出三棵树苗的代价），后悔莫及。这样的案例屡见不鲜，切不可因小失大。

（三）土壤调研

确定苗源地之后，调查苗源地土壤和工程定植地点的土壤，按规范进行两地土壤样本的取样，分析其理化性质的异同，并据此提出工程定植地点的土壤改良或客土方案。一般而言，两地的土壤理化性质越接近，对苗木的成活率和树冠完好率以及未来的生长发育均越有好处。因此，在分析两地土壤理化性质时，应抓住关键的指标因素，如土壤的 pH、EC 值、有机质含量和土壤质地。定植地点的土壤问题除了两地土壤的理化指标尽可能接近外，还要考虑有没有超出当地合格种植土的关键指标。也就是说，两地的土壤均有可能不符合种植土的标准，或者说不是理想的或合格的土壤。若原苗圃地土壤不符合种植土的标准，那么定植地点的土壤要求就应以种植土标准为主，而不是仅考虑两地土壤理化指标的接近。

（四）运输调研

对苗源地到工程定植地点的交通路线（道路选线、道路状况、颠簸情况等）进行调研和评估，推荐最优选线。筛选合格的起吊运输供应商，推荐供应商名单。

二、方案

在充分调研的基础上制定详细的大树免修剪移植技术方案。方案应包含但不限于下列内容：

（1）苗源地的确定和苗木选定原则以及苗木选定的实施方案。

（2）苗源地与定植地点的土壤比较分析和改土（客土）方案。

（3）起吊运输的优选线路方案及运输供应商的选定方案。

（4）苗木挖掘、运输、定植的施工组织设计。

（5）大树免修剪移植技术方案。

（6）移植工程的成本和效益分析。

（7）苗木、工具、物料采购清单及供货商。

三、技术方案

技术方案是计划的重点，方案合理与否决定着免修剪移植工程的成败。技术方案应包含但不限于下列内容：

（一）移植日期

移植日期应在施工合同规定的工期之内。需要考虑的因素有：其一，应尽可能在合同工期的范围内选择最佳移植的季节和天气，如避开寒流、飓风、台风、暴雨、大雪等恶劣天气，以降低移植的技术难度和施工成本。移植难度高的苗木尤其需要周详考虑，审慎确定。其二，移植日期还要考虑定植地点的环境及与园建施工的工期衔接。如起重机吊装大树一般需要安排在园道平台铺装施工之前，以避免出现园道平台施工后重型机械无法进入的状况。

（二）移植方式

确定采用什么移植方式，即挖即移（当天挖当天运输移植）还是先挖后移（挖苗后在苗圃保养一周左右再运输移植）。前者定植后养护难度稍高，后者如果是高温的季节，在苗圃（集中养护成本较低）养护一周左右新根就会大量发生，定植之后养护难度就会降低很多，需要精细进行保活养护的时间就会随之缩短，树木很快即能达至水分代谢的新平衡状态。

（三）抗蒸腾剂

抗蒸腾剂的选用，是使用薄膜型抗蒸腾剂还是激素型抗蒸腾剂？喷洒方式、喷洒浓度、喷洒机具、喷洒次数以及喷洒之后遇雨如何补喷，还有具体负责的现场技术人员和监管方式等。

（四）其他药剂

增加抗逆性——核能素、脱落酸（本身也属于调节型的抗蒸腾剂）等植物激素，可以增加树木的抗逆性和移植成活率，一般在移植前的 3 ~ 5d 施用，主要喷洒树冠。

促进新根发生——促根剂，主要成分有萘乙酸、吲哚丁酸以及它们的钠盐或钾盐。一般在土球包装完成以后喷洒在土球表面和侧表面，也可以配合定根水浇灌土球。

伤口消毒剂——用广谱性杀菌剂在挖好土球之后喷洒在土球的侧表面，以控制根系伤口感染。

（五）土球大小规格与包装要求

要详细规定不同树种、不同胸径树木的土球大小、外形和内外包装的技术要求以及各种物料的质量、规格等。

（六）树穴大小与质量要求

规定不同树种、不同胸径的树穴大小和质量要求，包括树穴的空间质量、土壤质量和排水质量等等。

（七）水分管理和降温措施

水分管理也是免修剪移植的关键之一。要根据移植期的季节和天气状况，采取针对性的水分管理措施，包括土球、土球周边土壤和树冠在各个环节的水分管理。土球开挖后的两周内，重点是防止土球失水过干和树冠失水萎蔫，以及晴天阳光下树冠的遮阴降温。

（八）病虫害防治

移植期由于根系的大量损伤，大树生长势一般较弱，很容易导致病虫害乘虚而入。因此，要做好病虫害防治预案，首先是苗源地待移苗木的病虫害调研、检疫和预防。对该季节容易发生的病虫害，特别是针对移植树种的高发病虫害进行监测和预防。

第二节　选苗

苗木的选定包括苗木比选、苗木检疫、苗木记号、购苗合同等方面。

一、苗木比选

根据计划中选定的苗源地，对目标苗木进行深入的考察和"货比三家"的比选，

图 3-1　规范整齐的苗圃（人面子）　　　　　　　图 3-2　树冠自然丰满的黄槐

选择出生长正常、树形饱满、姿态自然、病虫害少且符合设计和工程要求的健康苗木（图 3-1、图 3-2）。比选中要注意苗木的以下情况：

（一）原冠苗

苗木是原冠苗（也叫原生冠苗，即没有砍头定干，主干和枝条没有短截，由原生枝条组成的自然树冠的苗木）还是砍头苗？砍头苗的干萌条由于是从树干的韧皮部发生的枝条，"头重脚轻根底浅"，很容易造成劈裂、折枝，存在安全隐患，应逐步淘汰。

（二）假植苗

大树免修剪移植项技术其实就是用即挖即移的起地苗取代假植苗的新技术，用先进技术保障起地苗的质量——树冠完好率比假植苗还要好，用更低的成本达到更好的效果以及更好的效益。而市场大多数的假植苗不是原冠苗，对此我们应有足够的思想准备和甄别能力。

（三）移植次数

有些城市的苗木标准要求乔木的移植次数不少于 2 次或 3 次。其理由是育苗过程中如能多次进行拉疏目的的移植，就能有效地抑制根系的离心生长，使出圃起苗时土球范围的有效吸收根系相对较多，从而有利于提高移植成活率和树冠完好率（图 3-3）。关注苗木出圃前总的移植次数虽然有一定道理，但笔者认为，更重要的是最近的一次

图3-3 参差不齐、株距过密（红花紫荆）

移植至今有多长时间，如果大于等于三年，那么根系的离心生长必然旺盛，总移植次数的影响其实就不大了。这个时间应该控制在两年以内可能比较合适，即出圃之前两年内移植过一次或以上。当然不同的地域、不同的苗木种类和不同的规格应该有不同的标准。

二、苗木检疫

待移苗木的检疫可由法定的检疫部门进行并出具检疫证明。作为用苗或购苗企业，也最好能够派出植保专业的技术人员进行病虫害的调研检测，对有检疫对象的寄主植物更要作为重点检测目标，筑牢病虫害防治的第一道防线，确保苗木定植后的健康成长。

三、苗木记号

苗木记号有两种方式和内容。一是对选定的苗木进行标记，很多规范的用苗（施工）企业都有选定苗木的专用铭牌，记录着苗木名称、学名、规格、编号、树龄、移植次数、苗源地、定植地等信息。育苗企业做得好的也有专用铭牌，作为苗木的"出生证"或"身份证"，以备追溯和查验。二是苗木在苗源地的方位记号，以标记苗木在苗源地生长时的东南西北方位，便于定植时考虑尽可能按原方位进行定植，有利于苗木的地上部分感受不到地上环境的剧烈变化，提高移植成活率和树冠完好率。

四、购苗合同

选定苗木后就与供苗方签订购苗合同，明确甲乙双方的责任和权利。一般来说，起苗、包装、运输均由供苗方负责。大树免修剪移植工程的要求比一般的苗木移植工程要高，因此，合同中购苗方有必要将起苗时间、起苗质量，土球、树干、树冠的包装保护材料，抗蒸腾剂、促根剂等的使用，起吊装车和运输，卸车要求和苗木验收标准等环节的详细要求明确写进合同，以保证苗木质量和减少扯皮争执。购苗方还要派出技术人员对从起苗开始的全过程进行现场监督监控。

第三节　起苗

起苗是将待出圃的苗木，通过挖掘土球或裸根的方式起离苗地的过程。本节主要讨论土球苗的起苗程序。

一、前处理

苗木开挖前 3 ~ 5d，用核能素或脱落酸等植物激素喷洒树冠，提高待出圃苗木的抗逆性和移植成活率。

二、准备工具和物料

准备好各种挖苗工具、药剂处理工具和养护工具，如锄头、直钎（洞钎）、铁铲、枝剪、枝锯、梯子、小竹桩，以及喷雾器具、浇水工具、各种麻包布、铁网、铁丝、铁钩等包装材料。

三、树冠修剪

对树冠的"无用"枝条——徒长枝、重叠枝、病虫枝进行适量修剪，修剪量控制在 10% 或 15% 以下。原则有三：一是树高不降低；二是树冠不收缩；三是修剪的手法只能疏枝，不能短截。充分保留原有的树形美态。

四、抗蒸腾剂

修剪后喷洒抗蒸腾剂，整个树冠要喷均匀，重点是叶片背面气孔集中的地方。

五、地面清理

对待移树木树冠下方的土壤表面（地面）进行清理工作，将范围内的杂草、杂物小心清理干净，不够平整的地方稍作修平。工具可用铁铲等。但要注意一定要轻手轻脚，不要造成土面碎裂，因为这是土球的表面，未挖先碎自然对移植不利。清理完成后，按预先设计的土球大小和形状在地面画好土球的边缘线，画线可直接用树枝在地面上画，也可以用白色粉末（不要用石灰等强碱性材料）在画好的线上进行清晰标示。

六、开挖

画好土球的边缘线后，就可以进行土球开挖工作。先用直钎沿边缘线插一圈，应直插，深度 10 ~ 15cm，然后用锄头在边缘线外挖环状沟，深度不要超过直钎插的深度，否则或会破损土球边缘。环状沟的宽度按照包装操作的需要，一般在 40 ~ 60cm。这一层的深度挖好后，再用直钎开始重复上一环节。挖的深度切不可超过直钎插的深度，否则会引起土球边缘破损。

七、偷底

环状沟的挖掘深度达到土球设计深度（高度）的约 1/5 时，一般是 15 ~ 30cm，可以开始进行偷底工作，土球边缘开始逐步以弧线向土球底部中心削挖，以最终将土球削成半球形为目标，此工序谓之"偷底"，主要目的是尽量将土球底部的根系切断，防止土球起吊时，未断的大根扯散土球（图 3-4、图 3-5）。

图 3-4 "偷底"过程 图 3-5 偷底完成

八、修整

偷底工作完成后，用小铲子对土球侧表面进行修整，使之尽量平滑如球。土球表面的平滑会使包装时受力均匀，包装更加贴合和牢靠。

第四节　包装

苗木出圃的包装包括土球、树干和树冠包装三部分。

一、土球包装

（一）内包装

土球挖好修整完成后，先用麻包布或包装棉包裹土球的侧表面，再用细麻绳将内包装大致捆绑固定。内包装具有土球的保温、保湿和承担小部分的外力缓冲作用。

（二）外包装

用准备好的钩花铁网围起已经覆盖内包装的土球，铁网上面高出土球表面8～10cm，铁网下面与土球底部相平即可。用两条铁线（铁线直径与铁网相若或稍大）将上下两端的铁网串联起来，直径1m以上的土球在土球侧表面的腰部再加一条作骨架用的铁线，然后进行铁网的修紧作业。铁网修紧的次序是先将铁网围合处进行连合修紧，再将上下两端铁线修紧，这样土球包装的轮廓已出。再观察哪里的铁网不够贴紧土球，就在哪里进行修紧作业，直至铁网全部贴紧土球为止（详见第二章的相关内容）。

修紧作业在每一个修紧点旋转不要超过两圈半，否则铁网的铁丝可能因疲劳拉伸而断裂。还要注意钩花铁网的防锈情况，如果准备不拆包装，就不要选用有镀锌或涂漆等防锈功能的铁网。

二、树干包装

（一）内包装

内包装主要起到防止吊带损伤的缓冲作用。树干的内包装可以用禾草绳一圈一圈地缠绕在吊带捆绑着力处。但较为费工费料。推荐采用2～3层的麻包布或包装棉包裹，用细绳稍作固定即可。

（二）外包装

推荐用连体的毛竹片数块在起吊的吊带捆绑着力处进行包裹，再用铁线绑扎固定。如有专门的树木吊装保护板则更好。

三、树冠包装

树冠包装就是要做好防止树冠在车厢内可能受到机械损伤的所有工作，包括树冠收拢、树冠在起吊和车厢中的恰当位置和固定等避免损伤的措施以及树冠防晒保湿的透气包裹等。

（一）树冠收拢

除较硬枝条的树种无法收拢（如部分针叶树、岭南的木棉树等）外，大多数树种可以适当收拢部分树冠枝条。建议尽可能做适当的树冠收拢的工作，使之更有利于保护树冠，防止机械损伤。特别是当树冠超过车厢的宽度和高度时更应做好树冠收拢工作。

将树冠外侧的枝条从树冠的上部由内而外向主干中心靠拢，然后用绳拉紧固定。一般的树种如桂花树可以将树冠冠幅收拢至原来的 2/3 或 1/2。

（二）树冠包装

用塑料遮光网等透气材料将树冠包裹起来，能起到防机械损伤、防暴晒、防风以及一定的保湿等作用（图 3-6）。有的做法是装好车以后在车厢上面覆盖黑网，但显然不如装车之前将树冠单独包裹的效果好（图 3-7）。

图 3-6　树冠单独包裹

图 3-7　车厢树冠防护包裹

第五节　吊装

吊装是将苗木从苗地吊装到运输车厢的过程。包括吊具准备、吊带绑扎、起吊装车等过程。

一、吊具准备

吊具包括起重机械（起重机、塔式起重机）和连接工具（吊带、钢缆等）。目前多数苗木企业的起重机械采用自有或租赁的起重机，连接工具多用吊带。准备吊具时，我们要对该批次最大、最重苗木包装后的重量有相对准确的测量或预估，并按测量的树苗重量以及起吊现场的起吊距离和起吊高度，请专业人士计算需要的吊具吨位、吊臂长度等数据，以此来准备吊具。吊带的吨位也应保证有足够的余量，防止出现吊带断裂或起重机因吨位不够而发生事故。开始工作之前，要对起重机进行设备检修检测，保证各部分处于正常工作状态；对吊带要仔细检查有无破损、变质以及使用年限是否过期或接近到期等与安全有关的问题，并做好备份。

二、吊带绑扎

吊带绑扎取决于起吊树苗的形式，起吊树苗的形式一般有人字吊、兜底吊、树干吊三种，详见第二章第十节，在此不赘述。

三、起吊装车

将树木起吊到车厢里的合适位置，并依次将土球、树干及树冠固定好，这是苗木运输前的一个关键环节。

（一）一次到位

起重机司机与吊装指挥员要选择经验丰富、责任心强和配合默契的员工，起吊时指挥若定、小心轻放并准确到位。不宜反复起吊移位，最好是一次性将树木准确放置到车厢的合适位置，尽量避免反复移动伤害土球及树体。

（二）球前冠后

放置的方位一定是土球在前面，树冠在后面。这样做的好处是土球位于车厢内颠簸程度较低的两对车轮之间，大大降低了散球和摇晃伤冠的风险；而且，树冠在后面，斜向或平向后方，行车时树冠枝条斜向后方，降低了车辆高速行驶时风力对树冠的伤害风险。

（三）土球固定

树体装入车厢内一般是平放或稍斜放在车厢内，球前冠后。树体较小的树苗，土球或可一字排开地放在车厢前端，土球之间没有空隙最好，土球之间不会产生移动。土球之间如有空隙，或较大的树体，致使车厢只能装一至两棵苗木时，就要对土球进行固定操作。

针对一些体量较大，往往一辆车只能装载一棵树的情况，我们设计制造了一对三角形角铁架，用于在车厢内固定土球。我们还增设了活动顶板。当土球放置在两个三脚架之中时，活动顶板将三脚架顶向土球方向，将土球固定紧实。这样做在固定土球位置、防止摇动之余，还将原来土球的自重压力由原来的最低点分散至两侧的三脚架中，起到很好的压力分散作用（图 2-74、图 2-75），大大降低了散球的风险。

（四）主干固定

主干连接根系和树冠，主干固定保护好了，对两端的土球和树冠的保护也是一大助力。树体较小的树苗，可在车厢适当位置设一横向的木棍或绳子，将树干固定起来（图 3-8、图 3-9）。对于较大的苗木，我们设计了一种用于大树苗木的树干活动支撑架，支撑部位可以更换不同高度的支撑活套，以适应不同土球直径和不同支撑高度的树苗（详见图 2-76 ~ 图 2-78）。

图 3-8　用木棍支撑固定树干

图 3-9　用绳子支撑固定树干

（五）树冠固定

一般而言，如果树冠收拢和包装做好，主干也如前述采取了可靠的固定措施之后，树冠固定的特别措施或可省略（树干不动，树冠也会不动）。如果主干固定措施不够可靠，或可增加树冠固定的措施，如将数个主枝用绳子拉系在车厢边缘的立柱或栏杆上。既不收拢、包装树冠，还用叠罗汉的粗放方式放置树苗，自然是不可取的（图2-81）。

（六）防风保湿

树冠防风保湿的措施包括根据天气、空气湿度和叶片的萎蔫程度进行适时喷雾保湿作业，喷抗蒸腾剂，在装车后对树冠包裹防风、防晒、保湿的遮阳网等等。

第六节 运输

运输时应有技术人员随车监控运输的所有事宜。包括车辆运行的监控和对树体的悉心照顾。

（一）车速控制

车速不能过快，不管不顾地高速行驶。以防止过于颠簸对土球、树冠造成损伤。要在一定车速和减少颠簸之间寻找平衡点，并以减少颠簸为首选原则。在路况不好的路段，更要放慢车速，减少颠簸，保护树体。

（二）停车地点选择

白天的停车地点应尽可能选择通风阴凉处，避免暴晒导致树冠失水过剧。夜晚停车地点要尽可能选择空气清新和不是风口的安全地方。

（三）运输耗时控制

在确保减少颠簸和树体安全的前提下，尽量缩短运输耗时，减少在路上的时间。

（四）运输时段控制

夏季晴天应尽可能选择太阳下山以后的阴凉时段，并避开烈日、暴雨等不良天气。冬天要尽量避开风雪、寒潮等恶劣天气。

（五）运输路线选择

按照预计的最佳路线，尽可能选择路况良好的路段，必要时宁愿多走路也要避开路况不好的颠簸路段。

（六）树体的观察照顾

运输途中要不时观察树体的细微变化，尽量防止树体因运输颠簸移位受伤以及树体因失水萎蔫等。发现问题及时采取对应措施。

第七节　卸车

苗木运输到达定植地点后，应尽快安排卸车和种植工作。定植地点的种植穴应该在苗木到达前挖好，并做好土壤改良、排水、基肥施用、回填底土等工作。种植穴的要求详见本书第二章第十节，在此不赘述。

（一）起吊

苗木在车厢的起吊程序基本上和苗地里起吊时相同。起吊方式仍推荐较为安全可靠的"人字吊"。如用"兜底吊"，一定要注意起吊时速度要慢，防止吊带因过快绷紧而扫断树冠枝条。"树干吊"使起吊压力过于集中一点，树干树皮受损风险过大，因此不推荐这种对树干树皮有损害风险的起吊方式，特别是土球较大较重的苗木。

（二）入穴

起吊入穴是从运输环节过渡到种植环节的一道工序，同样关系到大树的移植成活率和树冠完好率。需要吊车司机和现场指挥人员的默契配合。尽量做到小心谨慎，准确入穴。入穴后的土球表面高度应与地面持平或略高于地面 5～10cm 为宜。入穴后，不要急于解除吊带，种植技术人员首先要仔细检查土球入穴高度和位置是否合适，然后观察树冠的形态方位与周边环境是否协调。如需调整，将树木升起 20cm 左右，用树冠调节绳进行方位调整，再重新下放土球。

（三）临时支撑

树木入穴后，观察树干垂直度是否符合要求，如有倾斜或有倾斜的苗头，则要稍微吊起进行调整，有必要时做临时支撑，再回填土球周边土。

第八节 种植

一、种植前准备

种植前包括树穴定点、树穴开挖、树穴土改良、底土回填和分层夯实、基肥施用等，详见第二章第十节第五点，在此不赘。

二、放置透气管

土球入穴并支撑固定后，我们围绕土球周边放置透气管或透气袋，放置密度可沿土球周长每 50 ~ 70cm 放置一个，深度达到土球底部，表面高出土球 10cm 左右。透气管直径以 12 ~ 15cm 为宜。当然，也可以用 PVC 管或竹木材料做模具，按上述要求放置，回土夯实后取出，然后往模具形成的垂直孔洞内填充粗木屑、粗砂、陶粒等透气材料，详见第二章第五节。

三、放置察水管

为方便观察地下水位的情况，在放置透气管的同时，我们可用 1 ~ 2 根直径不少于 15cm 的 PVC 管放置在土球四周的任意位置（如为坡地，则在高处和低处各放一个），其放置深度与透气管相同，作为日后观察地下水位之用。如发现该管有水，则说明地下水位过高，要采取降低水位的措施，也可将察水管作为抽取积水的管道之用。

四、回土

土球周边土要用合格的土壤并应分层回填，每次或每层回填的高度宜在 15cm 左右，然后用锄头柄等工具适当夯实后再回填第二层。最后的回填高度可以比种植地地面略高 5 ～ 10cm，以防止夯实不足导致的少量沉降。有些地方可能因地下水位过高或土壤排水不良，为了根系排水方便而将树木种高 20 ～ 30cm。这样的做法虽然有利于定植时的土球排水和提高成活率，但造成了树木定植处"坟包"状的现象，十分难看，且水位过高、土壤黏重及排水不良等问题仍然存在。建议从解决排水不良或水位过高的根本原因着手，如地下水位过高可以降低水位或调整地形标高。土壤过黏不利于排水时，则应该改良树穴内外的土壤，而不是营造"坟包"地形来回避难题。

五、施肥

将腐熟的有机肥按照分层回填的层次，每层施用适当的基肥，厚度在 3 ～ 5cm 左右，施肥的平面范围应该在土球边缘的 20cm 以外，以避免根系一长出土球外就直接接触基肥。

六、支撑

为确保树冠、树体及土球的稳固，应做适当且美观的支撑（图 3-10、图 3-11）。

（一）支撑的必要性

为什么要支撑新种树木？明代的《种树书》载有："凡栽树不要伤根须，阔挖勿去土，恐伤根。仍多以木扶之，恐风摇动其巅，则根摇，虽尺许之木亦不活；根不摇，虽大可活。"[7]

如不做好支撑，会导致下列后果：冠摇根动——根系受损——树木死亡，或风吹倾斜——树木受损——影响生长和景观，或风吹倒伏——树木受损或死亡。

（二）支撑的高度

支撑的高度应该在树木垂直高度的什么地方？根据我们的行业规范，针叶常绿树不低于树高的 2/3，落叶树木不低于树高的 1/2。[23]

图 3-10　上海绿地的树木支撑（2002 年）

图 3-11　上海古城公园的树木支撑（2004 年）

（三）支撑的角度

支撑与地平线的夹角以 45°～60° 为宜。

（四）支撑的形式

支撑的形式有三角支撑、四柱支撑、联排支撑及软拉纤等。无论采用哪种支撑形式，均要注意上下两端：一是支撑的支柱落地点要实在，《园林绿化工程施工及验收规范》CJJ 82—2012 要求支柱要埋入土中不少于 30cm，同时，还要确保落地点支撑有力，不宜落在回填的浮土上；二是支撑与树干接触部要有软垫隔离，确保树干树皮不受支撑的损害。

（五）筑堰

为便于浇水，回土工作完成后，可在树穴的边缘用土筑一灌水堰，高、宽各约 10cm 左右，以便浇水时水分维持在土球及树穴范围内，慢慢渗透下去，不至于外流至其他区域。现在有塑料做的灌水堰，省时又好看，但会增加成本，长远来说也不适宜放太多对植物生长无用的东西在绿地上。

（六）浇水

种植后的第一次浇水称为"定根水"，应尽可能浇透。土球和树穴均要浇透，其深度要达至土球的底部。可利用灌水堰，保留一部分水分慢慢渗透下去（图 3-12）。

图 3-12　灌水堰　　　　　　　　　　　　　图 3-13　应避免浇水后形成板结层

但又要防止因水压而造成表土板结。如表土出现板结现象，要及时处理，避免形成不透水不透气的板结层，影响根系呼吸和水气的交流（图 3-13）。定根水浇完以后，树木的种植工作告一段落，转入种植后的养护。

第九节　养护

免修剪移植的大树，在种植工作完成后的 3 周内是关键的养护期，或称"成活养护期"。在这期间，我们要做好树冠的水分管理，避免叶片萎蔫；促进根系的恢复和水分供应能力；还要做好植物保护的工作，防止病虫害乘虚而入等。

一、树冠的养护

防止叶片失水萎蔫是树冠养护的关键。我们要仔细观察树冠叶片的变化，出现萎蔫迹象时要及时采取补水及降温措施。主要是向叶片喷雾补水，特别是最初的一周因根系的供水能力有限，树冠叶片补水就显得尤为必要。补水的关键时段主要是太阳出来以后，气温升高，光合作用和蒸腾作用同时进行，树体水分需求急升；另一方面，由于抗蒸腾剂在叶片上的使用，蒸腾作用受到抑制，蒸腾作用带走叶片热量的作用下降，导致阳光下叶片温度升高，因此，此时亟需补水和降温工作。补水操作可用喷雾器喷在树冠的上风向，让风力将水雾"飘"向叶片，使叶片降温的同时补充水分。不要直接喷在叶片上，让抗蒸腾剂被水"冲洗"掉（详见第二章第三节）。

在夏季高温的晴天，养护的第一周有太阳时喷雾降温补水可每 1 ~ 2 小时一次。春秋季节或养护的第二周开始可酌情减少喷雾次数。如果是夏季高温移植，根系在较高的土温下恢复生长迅速，这种降温补水操作一般两周后即可逐渐停止，此时的根系应已恢复供水能力。

二、根系的养护

保证根系土壤不缺水、不积水是根系养护的关键。

（一）浇水

养护的第一周，根系还没有大量长出土球外，因此回填土部分的水分消耗主要是土面蒸发，保持土壤湿润即可。而土球的水分补充是关键，因为树冠叶片多，蒸腾作用使土球水分消耗加快，要及时向土球补充水分。每天要观察土球的干湿情况，及时采取措施。高温季节两周以后，根系应该长出土球外，这时浇水的重点应从以土球为主逐步转移到树穴回填土的环状沟部分。

（二）排水

在保障根系不缺水的同时，我们还要保障树穴不积水。方法是每天通过察水管了解地下水位的情况，察水管无水则排水正常，如察水管有水，说明地下水位过高或存在树穴排水不畅、浇水过多、下雨等情况，要及时采取排水措施。如想降低地下水位，可利用察水管抽取积水或采取减少浇水等措施。连天阴雨引起积水时，可在树穴范围的地面放置临时防雨薄膜，将雨水排出树穴范围。

（三）促根剂再次施用

种植后一周左右，如根系恢复不理想，长出土球外的根系过少，可尝试再次施用促根剂 1 ~ 2 次，施用范围重点是土球。当然，也可尝试将促根剂喷洒到树冠叶片上。在土球根系吸收功能因起苗而大大下降的情况下，利用免修剪移植技术保留的大部分叶片作为吸收器官，或可增加促根剂的吸收速率。

　　夏天高温季节一般在种植第 2 ~ 3 周后，我们可以观察到根系的恢复已经完成，树体水分代谢的平衡已经重新建立，这时可慢慢减少或撤去树冠的水分管理措施，转入成活期之后的正常养护。如果是"先挖后移"的苗木，如起苗后在苗圃养护一周再行种植的树木，成活期养护可缩短一半左右的时间。春、秋两季因气温相对较低，成活期养护的时间可能稍长，但采取技术措施的密度和强度也会随养护时间的延长而逐渐减弱。

第四章

其他的
树木培育和移植新技术

前面三章主要介绍了带土球免修剪移植技术的原理和操作方法，本章介绍与之相关的其他配套或适用技术，如裸根免修剪移植技术、机械化土球挖掘技术、容器苗育苗技术、止根容器育苗技术、半容器育苗技术、适龄移植技术等。如能将这些技术因地制宜整合在一起，形成从树种选择、优株培育、优种采集、优苗培育到原冠苗及免修剪移植技术的先进的风景园林苗木产业链新系统，将对整个风景园林行业的技术进步有较大的促进作用。

第一节　裸根免修剪移植技术

带土球的免修剪移植技术中，土球的挖掘、包装、运输与保护耗费了大量的（可能超过一半以上）移植成本。这个成本能不能降下来或省下来？这就是本节要介绍的裸根免修剪移植技术。

一、空气铲技术

空气铲（AirSpade）的历史可以追溯到 20 世纪 60 年代，美国布鲁克林天然气联合公司将"压缩机 + 空气喷枪"用于天然气的管道挖掘和维修开挖，以代替传统的挖掘工具。这种组合的挖掘装置后来被德拉沃（Dravo）公司命名为 AirSpade。1991 年概念工程集团公司（Concept Engineering Group）把空气铲开发为一种多用途的挖掘工具，并开发出专利——超音速喷嘴，极大地增加了该工具的有效性和挖掘效率（图 4-1）。在整个 20 世纪的 80 ~ 90 年代，空气铲大量用于燃气、电力、水务的管道挖掘，铁路铁轨的石子清理，树木的养护挖掘，甚至军事上的扫雷等。2008 年，CEG AirSpade 产品线被 Guardair 公司收购。

空气铲用于树木养护的挖掘令人惊喜，其利用压缩空气吹走土壤而留下根系的

不锈钢超音速喷嘴　　可调节防尘罩　　轻质不导电的玻璃纤维管　　扳机开关　　气管接口

图 4-1　空气铲（图片来源：空气铲生产商网站，https://www.airspade.com）

神奇实在令人叫绝，在此之前，任何的挖掘工具都不可能做到不伤根的挖掘。美国规模最大的树木公司——巴特雷特树木专家（Bartlett Tree Experts）公司最早将空气铲用于树木园艺。笔者在 2016 年从国外购得一把空气铲，试用效果非常不错（图 4-2 ~ 图 4-6）。

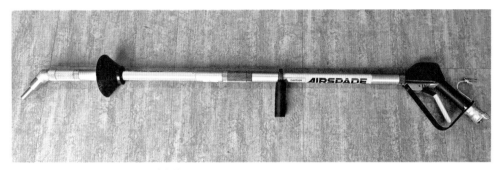

图 4-2　2016 年笔者从国外购得的空气铲

图 4-3　弯曲的不锈钢喷嘴和活动的防尘罩

图 4-4　扳机把手和上面的气压表

图 4-5　把手顶部的气压表

图 4-6　把手上的气管接口

空气铲最突出的特点就是树下挖坑、打洞、开沟的过程中可以做到吹走土壤，基本不伤根。目前没有任何工具可以做到这一点。不仅仅可用于大树的裸根移植，对于我们在大树和古树的养护工作中经常要做的松土、换土、挖透气洞、土壤深层施肥，以及挖复壮沟、复壮坑、复壮洞等作业，空气铲也是一款非常好用的工具（图4-7、图4-8）。

空气铲用于裸根移植，则更是一个重大技术进步。土球苗在挖掘起苗时要断掉大部分的根系，比例高达70%～90%，这造成了树体水分供需的强烈不平衡状态，为了保成活、保树冠，我们不得不付出巨大的代价。而使用空气铲的裸根移植则相对轻松许多，通过空气铲的"去土留根"技术，我们可以保留大于等于80%的根系，大大减轻了移植时的重量（土球土没有了），当然更重要的是大大提高了移植成活率和树冠完好率，降低了移植时的技术难度（图4-9、图4-10）。

图4-7　复壮沟挖掘中，树木须根被留下
（图片来源：https://www.airspade.com）

图4-8　复壮沟挖掘完成
（图片来源：https://www.airspade.com）

图4-9　裸根移植
（图片来源：https://www.airspade.com）

图4-10　裸根苗运输
（图片来源：https://www.airspade.com）

二、根系保护技术

用空气铲技术进行大树的免修剪裸根移植，虽然有了很大的进步，技术难度降低了很多，但还是要注意其带来的另一个技术问题，即裸露根系的保护技术。对于土球苗，我们十分注重土球的保护，而裸根苗重点则是裸露根系的保护。主要分为两个阶段：

（一）运输保护

裸根苗根系裸露在空气中，如果是就近移植，耗时较短，当天就可以马上定植于土壤中，或许保护的重要性不大。但如果要运输，或耗时较长，就必须要防止裸露根系的失水和机械损伤。

根系失水要采取保湿措施，就近短时移植，可用简单的喷水保湿；需要长距离运输的，就要考虑专门的保湿措施。常用方法有两种：一是传统的泥浆保湿，选用干净的粒度细致的土壤调成泥浆，通过特别的喷浆机将泥浆喷到根系上面，让泥浆包裹根系，起保湿和一定的保护作用；另一种就是用聚丙烯酰胺一类的有机保水剂，按照使用说明，调成糊状喷到根系上面。至于树冠的保水和防止萎蔫，则沿用前述土球苗的办法即可。

防止机械损伤，首先对根系的实际状况进行分析，看是否需要对根系进行梳理、适当收拢、包扎保护、捆绑等，有需要的即小心进行根系的保护性操作，操作过程要尽可能减少对根系特别是须根的损伤。

（二）种植保护

1. 树穴准备

全裸根苗的树穴要求与土球苗是不同的。全裸根苗树穴的大小要根据实际根系舒展的范围分析确定。比如，树穴的平面范围，要根据树冠的茂盛程度和根系挖掘保留的实际大小，选择一个确保 70% ～ 80% 根系能保留下来的根冠幅度，在这个根冠幅度的基础上，增大 10% ～ 15% 作为树穴的平面大小尺寸。再根据根冠的深度，按照确保 70% 以上根系保留的原则确定根冠的深度尺寸，然后按照这个根冠深度增加 50% ～ 80% 作为树穴的深度。多余的根系，特别是某一侧特别长和突出的根系可适当修剪掉。

2. 土壤准备

裸根苗移植时用来回填覆盖根系的土壤质地要求一定高于土球苗。因为土球苗进行回填时，回填土壤不会直接碰到土球根系，符合种植土标准的土壤便可采用。而裸根苗的回填覆盖土壤要考虑对根冠根系，特别是须根的保护，因此土块不宜过粗、过大和有石砾石块，土壤颗粒不宜大于 1cm，土壤密度应在 1.1 ～ 1.25，密度过轻或有机质过多会影响土壤的固着能力，增加风倒的风险。因此，裸根苗回填覆盖的土壤应该在符合种植土标准的基础上，按上述要求准备。

3. 回填底土

树穴挖好以后，在做好必要的树穴排水措施后，可以进行底土回填，底土质地要求可以比根系覆盖土低一些。底土的回填也要分层覆盖，分层夯实，每层的深度在 15 ～ 20cm。每层可以施用适当的腐熟有机肥。回填的高度应该在根冠的底部。

4. 树冠支撑

这也是有别于土球苗的步骤。土球苗在土球入穴后先做临时支撑，以防止树冠倾侧，回填完成后可进行长久支撑的工作。但裸根苗由于根冠形状无法固定，为了防止树冠自重对根冠的挤压，必须在根系土壤回填之前进行树冠的支撑工作（让根冠舒展的树冠悬空支撑）。而且支撑除了考虑树冠形态与方位等的准确协调外，还要考虑根冠的舒展，不能有压迫根系的情况出现，否则有可能损伤根系。支撑固定的树干高度，应以根颈与地面持平或略高于地面 10 ～ 15cm 为宜，因为保护须根而土壤不能随意夯实，需预留一部分的下沉空间。树冠支撑应在种植后保留一个月左右的时间，以控制下沉的幅度，并视树穴土的实际下沉情况适当培土。

5. 根系支撑

树冠支撑做好以后，还要视根冠的实际情况，确定是否需要做根系支撑，以确保根系不因回填土壤的压力而受到压迫造成根系重叠或损伤。特别是细根、须根过多的树木，则有必要做根系支撑，以确保根系舒展、分布均匀。支撑的办法是在需要支撑的地方打一直径 3 ～ 5cm 的木桩，将需要支撑的根系小心绑扎到木桩上。

6. 覆土培根

做好上述工作后，将准备好的细土小心分层撒到根系上，每层深度控制在 5 ~ 8cm。撒好一层以后，不能用硬物插入，以防止损伤须根。可用花洒进行洒水，适当灌实。

其余的操作可参照土球苗。

第二节　机械化土球挖掘技术

目前，带土球树木移植法是园林苗木移栽中成活率较高的方法，但土球的挖掘、包装及运输，需要劳动力多、劳动强度大、工作效率低、成本高；取代人工挖掘土球的树木移植机是一种集机械和液压控制技术于一体的机械装备，能节省劳动力和劳动强度，并保证树木根部土球的完整，从而提高了树木的成活率。如果是短距离树木移植，一台功能齐全的树木移植机就可以完成挖坑、挖树、运输、种植等操作。对于长距离、大批量树木移植，则应对挖掘好的树进行包扎，防止土球松散和保持土球水分，然后运送到定植地点进行种植。

欧美等发达国家早在 20 世纪中后期就开始了这方面的研究，已经生产出了一系列的树木移栽设备，具有树木移植效率高、成活率高、操作简单、劳动强度小等优点。我国也在 20 世纪 70 年代后期开始了树木移植机械的研究[24]，目前我国也生产出了多种自主研发的高效率的树木移植机械产品。

国外树木移植机械产品已呈系列化。制造树木移植机械的公司有美国 Big-John 公司，加拿大 Holt Tree Spades 公司、Lemar Tree Spades 公司、Dutchman Industries 公司，德国的 Optimal 公司，还有荷兰的 Damcon 公司等，另外俄罗斯和日本也制造了先进的树木移植机械[24]（图 4-11 ~ 图 4-14）。

在国内，树木移植机研究工作大约在 20 世纪 70 年代末期开始起步，20 世纪 80 年代北京林业大学顾正平和张英彦率先对树木移植机进行了试验研究。目前，国内不少企业已经研发了多款挖树机，为苗圃业的机械化和自动化提供了国产化的适用

图 4-11　树冠自动捆绑机
（图片来源：https://www.airspade.com）

图 4-12　环刀式挖树机

图 4-13　预制土球框内衬麻包布与挖树机配合[25]

图 4-14　包好后的土球苗[25]

机械。

挖树机起苗取代人工挖掘起苗是苗圃业发展的必由之路。但必须配套相应的标准化的苗木生产基地，让生产出来的树苗整齐划一，我们的挖树机械才有用武之地，这一点，我们还有较长的路要走。不少厂家还开发出"树镐"一类的简易式断根挖树机，价格低廉，操作方便，也适用于我们目前普遍不够标准和规范的苗圃地。

第三节　容器苗育苗技术

容器苗育苗技术在我国推广和应用了几十年，寄希望于这一技术能促进育苗技术的发展提升，并淘汰落后的费时费工的传统起苗工序。但就目前我国容器苗的现状和水平来说，特别是乔木类的容器苗，总体而言还是比较落后的，远远低于我们的期待。其落后的表现主要体现在下面几点。

一、容器

大部分采用便宜简易的黑塑料袋和无纺布袋，其在防晒防老化、透气透水性能和防止根系穿袋而出等方面均缺乏足够的考虑。而栽培时间、袋冠比（树冠大小与容器大小的比例配套、营养袋的盛土体积能否满足该规格苗木的根系生长需要）、换袋和出圃规划等方面更是很少触及（图4-15）。往往是一次上袋，至最终苗木卖出即算结束。结果往往根系大量"抛锚"，容器内的吸收根系几乎因为根系"抛锚"下地而被"废掉"！容器苗早已"名不副实"。其后果是容器苗的成活率不高，有的甚至还不如起地苗。其原因就是因为起地苗多少还在土球内保有10%～20%的吸收根系，而大量抛锚的"袋苗"保留的吸收根系一般低于5%（图4-16～图4-18）。

二、土壤

多数苗木企业并不注重容器苗土壤的选择，随意将田土或黄泥装在容器中（图4-19）。殊不知，容器育苗对土壤有很高要求的，其容重可能过重或过轻，过轻固

图4-15 种植上袋时不考虑"袋冠比"

图4-16 大量根系"抛锚"的乔木树苗

图 4-17　大量根系"抛锚"的树苗

图 4-18　起苗时被切断的"抛锚"根系

图 4-19　生黄泥随意装袋种植

图 4-20　容器苗表土板结的劣质土壤

着力不足,过重可能因黏性过大造成表土板结或排水不良、不透气、不透水(图4-20)。加上随便挖掘的黄泥或深层田土有机质及养分缺乏,"营养袋"内早已"不营养"。在劣质土壤多重因素的加持下,树苗根系生长受到抑制,造成烂根甚至树体死亡。

　　造成这种现象的原因是很多人不明白容器栽培(盆栽)与地栽对土壤的要求不同。它们最大的区别有三:首先是土壤体积的有限(盆栽)与无限(地栽),盆栽(袋栽)土壤体积有限,根系生长受制约,需要更高质量的土壤。其次是地表径流的有(地栽)与无(盆栽或袋栽)。地栽苗木下雨时大部分的雨水通过地表径流流走,而盆栽土壤基本上无径流,盆沿或袋沿往往比土面高出5 ~ 10cm,导致雨水极易积压在表土,使本来就排水不好的黏性土板结,形成不透水、不透气的表层,像锅盖一样压在容器上面,使下面的土壤透气透水状况极其糟糕,根系呼吸不畅,浇水时水分无法穿越板结层而到达根系需要的地方。表土板结和不透气还会造成土壤内部的嫌气发酵,产生

图4-21　排水良好根系发达的土壤

图4-22　排水不良根系受损的土壤

甲烷、酒精等有毒物质，危及根系（图4-21、图4-22）。其三，水分供应的单向（盆栽）和双向（地栽）。盆栽（袋栽）根系"抛锚"前，水分供应只能依靠来自上面的浇水，不像地栽时可以利用土壤中的地下水或随土壤毛细管上升的毛细管水，浇水频度要求远比地栽苗要高，需要及时和到位的水分供应。

综上所述，盆栽或袋栽的土壤应该符合以下几个要求：首先是达到或高于园林种植土的要求，并根据具体不同的栽培对象对土壤要求进行调节，比如土壤酸碱度等指标。其二，根据盆栽或袋栽的环境要求（前述的与地栽的三大区别），通过基质（土壤）配方的调整，加强土壤的排水、透气和耐雨水冲刷（不板结）能力。其三，有机质的组分应控制在20%以下，以防止有机质过快腐朽造成土壤体积的急剧下降，影响树苗的后续生长。

三、容器栽培的时间控制

国际树木学会对容器苗栽培时间有一条标准，即容器栽培的时间应控制在3个月左右，最长不能超过6个月。以防止容器苗的根系出现"盘根"现象，即大量根系沿着容器边缘生长而交缠一起的"盘根"。因为出现"盘根"之后，将影响苗木定植时根系自然均匀的放射状分布，影响树木的固着能力和抗风能力的形成。

这种考虑树木出圃定植后健康成长的理念值得我们学习和领会。我们每年因为风吹倒大树而造成很多损失，令人十分痛心。但我们有些人都把树倒的责任推到"老天爷"身上，几乎从不检讨我们在乔木育苗和种植上有什么需要改进的地方。

因此，如果我们真的想把容器苗作为行业技术进步的一环，就应该接受容器育苗的先进技术和理念，认真改革我们苗木产业链的每一个环节，把容器苗的先进性体现出来，严格控制容器栽培的时间，培育"百年不倒"的健康树苗。

栽培容器还应进一步革新，如采用容易打开、方便换种大一级容器及在定植时节省时间并可以重复使用的容器。使苗木容器栽培的每一个环节更加省时省力，还可利于育苗到定植的机械化、自动化操作。

第四节　止根容器育苗技术

止根容器育苗技术又称控根容器栽培。如果说有什么技术使苗木的生长速度比地栽苗还要快，那么，止根容器育苗技术就是其中之一。

一、技术特点

首先是不会形成缠绕的盘根，克服了常规容器育苗中根在容器边缘缠绕盘旋的缺陷；其二，总根量比常规大田育苗提高 20 ～ 30 倍，育苗周期缩短一半或以上，移栽后管理工作量减少 50% 以上；其三，止根容器除能使苗木根系健壮、生长旺盛外，特别在大苗木培育移栽及季节移栽和恶劣条件下的植树造林等方面，具有明显优势。

二、技术原理

（一）增根作用

控根育苗容器内壁有一层含有止根剂的特殊薄膜，且容器侧壁凸凹相间、外部突出的顶端开有气孔（图 4-23、图 4-24），当种苗根系向外、向下生长接触到空气（侧壁上的小孔）或内壁的任何部位时，根尖则停止生长，接着在根尖后部萌发出数个新

图 4-23 控根容器结构

图 4-24 装配完成的控根容器

图 4-25 控根育苗的发达的须根系

图 4-26 地栽树苗的根系

根继续向外、向下生长，当这些根接触到空气（侧壁上的小孔）或容器内壁上含有止根剂的任何部位时，又停止生长并又在根尖后部长出数个新根。这样，根的数量呈几何级数递增，极大地增加了侧根数量，根的总量，特别是具有吸收功能的根尖数量较常规的大田育苗提高 20 ～ 30 倍。

（二）控根作用

一般地栽育苗技术，往往主根过长，侧根发育较弱。采用常规容器育苗方法，种苗根系的缠绕现象非常普遍。控根技术可以使侧根形状短而粗，发育数量大，不会形成缠绕的根（图 4-25、图 4-26）。

（三）促长过程

由于控根容器与所用优质基质的双重作用，苗木根系发育健壮，可以储存大量养分，满足苗木定植初期的生长需求，为苗木的成活和迅速生长创造了良好的条件。移栽时不伤根，不用砍头，不受季节限制，管理程序简便，成活率高，生长速度快。控根育苗与常规地栽育苗的比较见表4-1。

控根育苗与常规地栽育苗的比较 表4-1

比较项目	常规地栽育苗	控根育苗	结果比较
育苗周期	2～5年	1～3年	育苗周期缩短50%以上
总根量	100	2500	增加25～30倍
地上部分生长量	100	200～300	增加2～3倍
后期管理费用	100	20～30	减少70%～80%

注：本表设常规地栽育苗的总根量、地上部分生长量和后期管理成本费用为100，得出控根育苗此三项数据的相对值，以此来分析两者之间的差异。

控根育苗的控根作用主要是容器内壁上含有止根剂的薄膜，而内壁上穿孔的空气控根作用相对较弱，但可以起到透气的作用。而容器土壤和根系的透气良好，当然是根系生长和发达的重要因素。所以，含止根剂的薄膜和内壁穿孔可以说是相得益彰。反观目前国内生产的带孔的围树板，由于没有含有止根剂的薄膜，其控根作用就大打折扣了。加上很多孔洞由于制作工艺等原因，相当一部分是不通透的，在透气方面的作用只能说是"聊胜于无"。

第五节　半容器育苗技术

半容器育苗技术又可称半围半地栽培法。其主要形式是用围树板围起根系的周边种植树苗，但围树板底部与土壤之间不作任何隔离。也就是说，围树板中的土壤与围树板下面的土壤连成一体。

这样做的好处很多。其一，连成一体的土壤使水分、气体、肥料、微生物等能进行充分的交流，水肥供应由传统容器苗的单向变成双向，不仅大大降低了管理的强度和难度，还由于水、肥、气、热土壤肥力四要素的充分交流，使树苗的实际生长有了无限接近地栽的好处，极大地促进了树苗的生长。其二，围树板围起的部分，由于土壤质量较好，水肥供应相对充足并且透气性较之于下面的土壤要好，根系留存在围树板内的机会无疑要强于向下伸展。这样在栽培时间适当控制（不要过长，如控制在半年之内）的情况下，围树板内的根系与容器苗相比是基本相若的。这样的话，起苗出圈时的便利程度与容器苗相似。

而传统的容器苗，容器内外交流极少，大大增加了管理的强度和难度。容器内稍有水肥管理不到位，就会促使容器内的根系"离家出走"，促进了根系的"抛锚"现象。根系"抛锚"情况严重的话，基本上不需要向容器浇水了，因为容器内的吸收根大部分被"废掉"了。

因此，半容器育苗也是简单方便的一种育苗方式，兼有地栽苗的生长速度和容器苗的起苗方便两大好处（图4-27、图4-28），尽管半容器苗的生长速度不如止根容器技术，但也为苗圃业的技术进步和免去人工挖掘起苗的麻烦提供一种很好的选择。

图 4-27　半容器栽培生长茂盛

图 4-28　半容器起苗方便

第六节　适龄移植技术

适龄移植技术或称适龄定植技术。实际上就是多大的树龄或多大的乔木苗木规格最适合出圈定植？性价比最高和预后（定植后的生长发育和树木百年大计）最好？这无疑是苗圃业和园林工程必须面对和作出正确选择的行业重大问题，目前在这方面业界有不同的观点和做法。

一、追求大胸径

国内自20世纪90年代末以来，在一些城市的带动下，掀起了一股"大树进城风"，把胸径20cm以上的大树作为城市绿化快速见效的主要选择。但苗圃并没有这些大规格的苗木，于是，上山挖、下乡挖，"砍头挖木桩"竟然成了这些大规格苗木的主要来源（图4-29、图4-30）。这样做的后果，一方面对苗源地的生态造成了巨大的破坏；另一方面，大量的砍头树、残废树、大胸径小冠幅的树苗充斥着各地的苗圃。这些九死一生、十分难看的"幸存者"被种植到各地的城市绿地中，给绿地管理者增加了照顾这些"老弱病残"的工作压力，破坏了本来自然健康的园林美景，损害了大众对园林的观感和审美。

图4-29　海南岛的下山苗秋枫（2002年）

图4-30　长沙某小区的砍头山杜英

近年来，在有识之士的呼吁和国家三令五申"严禁大树进城"的合力之下，大树进城的风气才有所收敛。

二、追求小胸径

有人可能说这个说法没有听说过。没错，这不是中国业内的观点，是美国人查理（浙江海宁俄勒冈苗木繁育技术有限公司总经理）的观点。据他们的介绍，按照他们大数据的统计，美国种得最多的乔木苗木的树龄是"三年以下"或胸径"3cm以下"的规格，并认为是"理性"的表现。言下之意，中国城市追求大胸径的苗木是"不理性"的表现[26]。笔者在2014年和2016年到访美国，特别留意了一下他们绿地上新种的树苗，的确如此（图4-31～图4-34）。

追求大胸径而忽略冠幅和树形，自然是不理性和不科学的。那么，种植胸径3cm以下和树龄3年以下的乔木是否真的"理性"？我不敢苟同。3年生的苗木太小，

图4-31　美国丹佛市新种行道树（一）

图4-32　美国丹佛市新种行道树（二）

图4-33　美国丹佛市州政府广场的银杏树

图4-34　美国丹佛市州政府广场新种的树木

像未成年的"小孩"。而城市绿地的环境一般而言比苗圃恶劣得多，经历风霜雨雪、人类和动物的有意无意破坏摧残下的小树苗成材的概率不会很高，可以肯定的一个趋势是种植胸径 3cm 以下和树龄 3 年以下的乔木会拉大这些小树苗之间的个体差异，即使日后"经磨历劫"活下来，也可能是长势参差不齐，景观难看。这种参差不齐，特别在作为规则式种植的行道树等情况下，更是无法让人认同。

三、双十标准

20 多年前（2000 年前后），笔者提出了一个园林乔木用苗规格的"双十标准"，就是出圃定植的乔木苗木应该控制在树龄 10 年以下和胸径 10cm 以下，可以获得较高的性价比和预后良好的结果。

提出这个标准的依据是什么呢？早在 1984 年我们曾进行了广州市古树名木树龄鉴定的研究，发现本地多数树木的生长发育，首先经历了生长速度从慢到快，之后有一个生长高峰，然后生长速度又从快到慢这样一个"慢——快——慢"的过程。这个过程一般树木需要 30 年左右可以完成。那么，最适宜出圃定植乔木苗木的时间应该选择在它的生长高峰之前、生长高峰过程中还是生长高峰之后呢？我在很多讲座上问过很多同行，他们多数都不约而同回答说，应该在生长高峰之前。那么，生长高峰之前是什么年龄段？笔者当年研究广州古树名木树龄鉴定的一个图表——广州地区 7 个古树树种 30 年树干增粗生长曲线为例[27]，图 4-35 清晰地显示了这 7 个树种的生长高

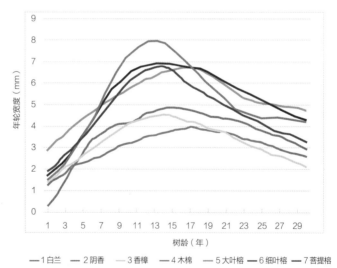

图 4-35　广州地区 7 个古树树种 30 年树干增粗生长曲线（注：年轮宽度提示树干增粗生长速度）

峰均不约而同地出现在树龄 10 年到 20 年这段时间，那么生长高峰之前就应该在树龄 10 年或 10 年以前的一段时间。准确地说是 7 ~ 10 年这一树龄时段，树苗的胸径在 7 ~ 10cm。

这就是我提出"双十标准"的依据之一。那么，从苗木生产和工程实践的经验来看，7 ~ 10 年的树龄或 7 ~ 10cm 的胸径的苗木出圃定植，土球不用过大，控制土球直径 70 ~ 100cm，此时树冠也有不错的冠幅，出圃具有较高的经济性和性价比。

无独有偶，国际树木学会通过他们多年的试验，从另一角度提出了和我相同的乔木苗木出圃定植的标准，他们认为乔木树苗应该控制在胸径 10cm 以下。因为他们发现，同时种植胸径 10cm 以下的苗木和 10cm 以上的苗木，几年以后，小（胸径）树长得比大（胸径）树还要快（图 4-36）。原因是 10cm 以下的苗木生命力旺盛，移植后生长恢复快。而超过 10cm 胸径的更大规格的苗木年龄相对老了，特别是超过 25cm 胸径的苗木，其生长高峰已过，或者说"青春不在"，而且这些大胸径苗木价格高，起苗移植困难，还会出现"假活"或"移植痴呆症"，生长恢复远不如 10cm 以下的小苗 [28]。可谓"英雄所见略同"了。

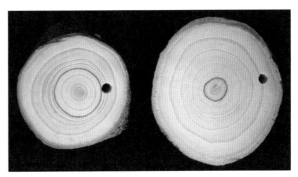

图 4-36　同时种植胸径 10cm 以下的小树（右）和胸径 10cm 以上的树苗（左），五年以后的胸径横切面（中间的黑圈为种植时的胸径大小）

综上所述，追求选用大胸径（大于 10cm）的苗木以期达到快速见效的结果，其实是"欲速则不达"。这些大胸径（往往是小冠幅）苗木生长慢，难恢复。如果用的是砍头树、下山苗，那更是破坏森林和生态环境的错误行为。而另一方面，种植过小胸径的树苗，如美国的 3 年生（或 3cm 胸径）树苗，生长慢，抗风险能力差，成材较难。就算是成活下来，大多参差不齐，景观难看，也不应该效仿。苗圃里培育的树龄 7 ~ 10 年和胸径 7 ~ 10cm 的原冠苗（没有砍头和短截修剪的自然树冠的苗）是比较适宜的、性价比较高和预后良好的乔木出圃定植规格。

第五章

乔木苗木
生产标准

苗木标准是园林绿化行业的重要标准之一，对苗木生产过程的质量控制、工程用苗标准均有强烈的指引和规范作用。本章主要介绍国内的苗木标准和国外的苗木标准。

第一节　国内的乔木苗木标准

建设部 1991 年发布的《城市绿化和园林绿地用植物材料　木本苗》CJ/T 34—1991[29] 是我国的第一个关于园林绿化的行业标准。标准规定了用于城市绿化和园林绿地的露地栽植苗木产品的规格、质量、检验和验收等技术要求，以及标志、掘苗、包装、运输、假植或贮存等基本要求和适用范围（苗圃露地培育的出圃苗）。1999年建设部按照国家质量监督局的要求对 1991 年发布的该标准予以重新确认和编号：《城市绿化和园林绿地用植物材料　木本苗》CJ/T 24—1999。2018 年 11 月 16 日，住房和城乡建设部发布了《园林绿化木本苗》CJ/T 24—2018 行业标准，原《城市绿化和园林绿地用植物材料　木本苗》CJ/T 24—1999 同时废止。

两版的行业苗木标准比较，章节数目同为 7 章，但新版的术语大幅减少，由原来的 16 条缩减为 5 条；技术要求多改用表格阐述；苗木的种类也根据近期的市场情况进行了一些调整和增删。

一、乔木苗木地下部分要求

（一）移植次数

新版乔木规格质量标准中删掉了移植次数的规定。

移植次数原版的术语是这样定义的："指苗木在苗圃培育的全过程中经过移栽的次数"，4.1.4 条目进一步阐述：苗木出圃前应经过移植培育。五年生以下的移植培育至少一次；五年生以上（含五年生）的移植培育两次以上。在附表 A1 中，除了女贞、毛白杨等 11 个树种要求移植一次外，其余树种均要求移植两次或三次。

规定移植次数有什么作用？一般来说每次移植，都不可避免损伤或切断一部分根系，特别是较长的根系。那么每移植一次，有着短暂抑制根系离心生长的作用，这样最后出圃时，土球所含根系就会相对较多，有利于成活率和树木以后的生长。如果乔木育苗的全过程没有经过移植，那么根系的离心生长就会相对发达，出圃时土球的范围所含根系就会较少，不利于定植后的树木成活率和生长。因此，规定出圃乔木苗木的移植次数是有一定道理的。我们在实践中还发现一个现象，苗地或绿地的土壤越贫瘠，根系的离心生长越厉害。因为贫瘠的土壤往往相对肥沃的表土较为浅薄，根系为了得到更好的水肥气热条件，只好顺着表层土壤"远走他乡"，而不肯扎向深处。

乔木苗木在苗圃的生长过程一般至少 3 年以上，有的达至 5 ~ 10 年。如果前期的移植次数是够了，但出圃前有 3 ~ 5 年没有移植过，那么根系的离心生长肯定发达，只规定育苗全过程的移植次数在这种情况下就基本上失去了意义。因此，实在要规范乔木苗木的移植次数的话，应该更进一步地规定，出圃前两年内至少移植过一次可能更有价值。

编制者取消这个规定的原因可能因为育苗全过程的移植次数除了生产者，其他人无法从树冠的外观上进行判定，给甄别或确认带来困难。又或者是认为这个规定的必要性其实不大。

（二）土球大小

原版《城市绿化和园林绿地用植物材料 木本苗》中 7.2.5 条目下是这样描述的：带土球苗木产品掘苗的土球直径应为其基径（基径：指苗木主干离地表面 10cm 处基部直径）的六至八倍，土球厚度应为土球直径的三分之二以上。新版《园林绿化木本苗》则改为：土球苗的土球直径应为胸径（胸径：树干离地面 1.3m 高度处的直径）的 8 ~ 10 倍，土球高度应为土球直径的五分之四以上。这个土球标准较之于原版，有了明显的进步和提高，接近国际标准了。

二、乔木苗木的地上部分（外观指标）

原版《城市绿化和园林绿地用植物材料 木本苗》中 4.1.3 条目规定：出圃苗木应具备生长健壮、树叶繁茂、冠形完整、色泽正常、根系发达、无病虫害、无机械损伤、无冻害等基本质量要求。凡不符合上述要求的苗木不得出圃。附表 A1 "乔木类常用苗木产品主要规格质量标准"规定了各种苗木的树高、干径、苗龄、冠径、分枝点高、移植次数六项指标。

新版的标准则以表格的形式进行了更详尽的要求（图 5-1、图 5-2）。

表 1 土球苗、裸根苗综合控制指标

序号	项目	综合控制指标
1	树冠形态	形态自然周正，冠形丰满、无明显偏冠、缺冠、冠径最大值与最小值的比值宜小于 1.5；乔木植株高度、胸径、冠幅比例匀称；灌木冠层和基部饱满度一致，分枝数为三枝以上；藤木主蔓长度和分枝数与苗龄相符
2	枝干	枝干紧实、分枝形态自然、比例适度，生长枝节间比例匀称；乔木植株主干挺直、树皮完整，无明显空洞、裂缝、虫洞、伤口、划痕等；灌木、藤木等植株分枝形态匀称，枝条坚实有韧性
3	叶片	叶型标准匀称，叶片硬挺饱满、颜色正常，无明显蛀眼、卷蔫、萎黄或坏死
4	根系	根系发育良好，无病虫害、无生理性伤害和机械损害等
5	生长势	植株健壮，长势旺盛，不因修剪造型等造成生长势受损，当年生枝条生长量明显

图 5-1 《园林绿化木本苗》CJ/T 24—2018 对乔木苗木的综合控制指标[30]

表 A.2 常绿阔叶乔木主要规格

序号	树种（品种）	主控指标	辅助指标		
		胸径 /mm	株高 /m	冠幅 /m	分枝数 / 个
1	杨梅 *Myrica rubra*	地径 60 ~ 80	≥ 3.0	≥ 2.0	≥ 4
		地径 80 ~ 100	≥ 3.5	≥ 2.5	≥ 5
		地径 100 ~ 120	≥ 4.0	≥ 2.8	≥ 6
2	菠萝蜜 *Artocarpus heterophllus*	60 ~ 80	≥ 3.4	≥ 1.5	≥ 5
		80 ~ 100	≥ 4.0	≥ 2.0	≥ 6
		100 ~ 120	≥ 4.5	≥ 2.5	≥ 7
3	印度胶榕 *Ficus elastica*	60 ~ 80	≥ 3.0	≥ 1.5	≥ 5
		80 ~ 100	≥ 3.5	≥ 2.0	≥ 6
		100 ~ 120	≥ 4.0	≥ 2.5	≥ 7

图 5-2 《园林绿化木本苗》CJ/T 24—2018 对乔木苗木的规格控制指标[30]

在附录表 A.2 中，则以主控指标（胸径）和辅助指标（株高、冠幅、分枝数）共计四个指标加以规范。每个树种还分成了大小不同的三个规格等级。令人遗憾的是，新标准对于树冠的修剪没有明确的指标规范。

除了这个木本苗的行业标准，北京、广州等地的园林部门也参照行业标准，并根据各自地域的苗木特点编制了各自的地方标准。

第二节　乔木苗木的国际标准

一、国际树木学会

乔木苗木的国际标准目前只有国际树木学会（ISA）的标准。

国际树木学会是一家致力于研究全球范围内树木种植及养护问题的非营利组织，成立于 1924 年。最初是由美国康涅狄格州树木保护审查委员会召集了 40 位从事树木实务或研究的工作者，讨论遮阴树问题及其可能的解决方案。会议认为需要收集树木护理信息，并提供一种传播手段。此后不久全国树荫会议成立。至 1968 年，由于其影响力和会员国籍超越了美国范围，该组织更名为国际树荫会议。1976 年改名为国际树木学会。

目前国际树木学会在全球 52 个国家有超过 20000 名会员，通过分布于全世界的树艺师分享他们的经验与知识，并通过攀树师、树艺师的考证发牌制度，规范城市树木的修剪和养护工作（图 5-3、图 5-4）。[①]目前，亚洲的新加坡以及我国的台湾、香港都有持牌的该组织会员从事相应树木修剪、养护等工作，以及在发生倒树折枝事故时进行现场指导和分析事故原因。这与我们的一些工作或工种需要持证上岗类似，没有证书的人士是不能从事相关工作的。

---

① 　国际树会学会网站。

图 5-3　国际树木学会的树木栽培书籍及树艺师认证学习指南
（图片来源：国际树木学会网站）

图 5-4　国际树木学会的分支机构
（图片来源：国际树木学会网站）

二、国际树木学会的苗木标准

国际树木学会有一套树木规格标准，其中每项要求都是经过几十年的研究、探讨形成的，世界上很多国家进行园林绿化设计及施工时参照的就是国际树木学会的标准。这一标准对于一般园林树木的规格建议主要有六点，即中央主干、活冠比、强接枝、螺旋梯形分干布局、锥形树冠以及根部系统[31]。

（一）中央主干——必须要有明显的中央主干

中央主干俗称树干，是所有分干（分枝）的接汇处，是在风霜雨雪之时整棵树木承受重力的支持结构（图 5-5、图 5-6）。许多树木在经过人为修剪或其他因素导致的伤害之后，会长出双主干或多主干（图 5-7 ~ 图 5-10）。国际树木学会要求在整株树木自然高度的 2/3 以下不能出现双主干或多主干的现象，以免影响其抗风能力。研究指出"主干树"比"非主干树"在承受外力时，其树体结构性表现特强、抗风能力较强，大大降低了折枝倒伏事故的发生[31]。

（二）活冠比——必须有 60% 的活冠比

"活冠比"是指树冠高度占整株树木自然高度的百分比。高的活冠比代表树体的抗风能力强，而泪滴状的树冠则是最完美的。举例来说，一棵树的自然高度是10m，其第一枝带叶片的分干与地面的距离是 4m（从地面往上 4m 都只有主干，没

图 5-5　有明显中央主干的树苗（人面子）

图 5-6　明显中央主干（澳洲火焰木）

图 5-7　多主干（黄花风铃木）

图 5-8　双主干（糖胶树）

有分干），那么这棵树的"活冠比"就是：6m/10m = 60%。国际树木学会认为"活冠比"在 60% 以上的树木才有足够的叶片保持正常的健康生长，在此比例以下的树木会因为叶片不足而产生种种生长障碍，例如抗病虫能力低、发根困难、难以开花结果等等（图 5-11 ~ 图 5-14）。此外，活冠比在 60% 以下的树木抗风能力也较差。

图 5-9　多主干（桂花）

图 5-10　多主干（白千层）

图 5-11　活冠比超 60%（银杏）

图 5-12　活冠比超过 60%（雪松）

图 5-13　活冠比不足（海南红豆）　　　　图 5-14　活冠比不足（金叶槐）

其中又以单干高球型的树木为甚，此类树木在未完全扎根之前容易随风左摇右摆，从而难以长出新根，容易倒伏。

　　达到 60% 活冠比的树木，一般来说会有超过 50% 的叶片长在树高 2/3 的下部枝干，树冠形状有如泪滴，有利于树体结构抵御强风。

（三）强接枝——分枝粗度不超过主干粗度的 50%

　　国际树木学会对行道树的一项标准就是有强接枝（strong branch attachment）。树木的主干在往上生长的时候会不断长出分枝，国际树木学会要求在主干和这些分枝的接合之处，分枝的粗度（直径）不超过主干粗度的 50%，也就是说主干长出的分枝的粗度在主干粗度的一半以下，且以 1/3 最为理想（图 5-15、图 5-16）。为何会有如此要求？研究指出如果分枝粗度不达主干粗度 50% 的话，这个接合点会特别强韧，在风霜雨雪的环境中不容易折断。树木最大的天敌就是风力，没有良好接口的枝干容易在风中劈裂脱落。因此，强接枝是树木抗风能力的表现之一，而超过50%则是弱接枝（weak branch attachment），很容易在强风中折断而造成安全事故（图5-17、图5-18）。

图 5-15　强接枝（木棉）

图 5-16　强接枝（乐昌含笑）

图 5-17　分枝粗度超过主干50%（弱接枝）

图 5-18　分枝粗度超过主干50%（弱接枝）

（四）螺旋梯—— 一级分枝的布局要求

1. 垂直分布

一级分枝的上一层与下一层的间距大约为全树自然高的 5%。举例说，假如一棵树的自然高度是 10m，则其理想上、下层分枝的距离大约为 0.5m。换句话说，一级分枝在树干上的垂直分布相对均匀[31]。但据笔者观察，这种说法对于很多针叶树来说有一定的道理，而在阔叶树上则不明显。阔叶树的树冠层次更多地表现在每个枝条末端（枝冠）的错落分布，以有利于更好地采光和提高光合效率。

2. 水平分布——枝镶嵌

枝镶嵌是笔者从形态学的"叶镶嵌"（上下两层叶片错开，如叶片的交互对生，有利于叶片采光，见图 5-19、图 5-20）引申而来。解释为：每层分枝应呈螺旋楼梯形状从下往上排列分布，上一层的分枝不该与下一层的分枝排列在同一方向，造成上下重叠，影响分布的均匀性和枝叶的采光[31]（图 5-21、图 5-22）。

图 5-19　阔叶树的枝镶嵌（无患子）

图 5-20　针叶树的枝镶嵌

图 5-21　菱角的叶镶嵌

图 5-22　水锦树的叶镶嵌（交互对生）

垂直分布和水平分布这两项要求主要是考虑到整株树木重量的平均分布以及枝干在风中的安全性。而且，这样的分布明显有利于枝叶的通风采光和提高光合作用的效率[31]。

要满足这两项要求，一是有赖于树苗正常健康生长以及自然而然的天性所成，二是通过育苗期适当的人工调控，如肥沃的土壤和水肥管理（提供必须的营养）、足够的株行距（足够的地下空间和地上采光）和适当的疏枝修剪等等而来。不同的树种自然有不同的天性，因此天性所成和人工调控在不同树种之间会有不同的比重。

（五）锥形树冠（干粗收窄）

为便于理解，我将原文的"干粗收窄"改为锥形树冠。实际是指树冠的直径从下端开始，慢慢往上端收窄，如图 5-23～图 5-25 所示。从物理学角度出发，如果一棵树的树冠如竹笋般往上收窄，其抗风能力一定会比粗细均匀的主干树木强得多，在风中不轻易弯曲折断，分枝同理。也就是说，如此形态的树冠的抗风能力强。同时，

图 5-23　窄锥形树冠（摄于加拿大）

图 5-24　阔锥形树冠（摄于新西兰）

图 5-25　阔锥形树冠（摄于加拿大）

具有锥形树冠的树木由于结构性强、承重能力高，往往能够衍生更多枝条，因此会长得茂密，也会长得更高[31]。

（六）良好的根系

通常情况下，人们在挑选树木时往往花很多精力观察树木的地上部分，而忽略了很重要的地下部分。地下部分主要指的就是根系及其依附的土壤，良好的根部系统要求根系从中心向四周均匀辐射，没有盘根（girdling root）、偏根（根系分布一边多一边少）等现象发生[31]。

1. 地栽苗

国际树木学会要求根系必须平均分布于主干的周围，而不是一边多一边少，或时有时无。根系还要最好分布到树冠周边的投影线下，以确定有足够支撑能力。在良好的土壤根系环境中，根系应达 0.6m 至 1m 深度。根系的分布应从主干呈放射状向外伸展，而绝不产生"盘根现象"。"盘根现象"是指某些大根缠绕着主干下部环绕生长，日后对主干下部造成"收握"的现象，慢慢破坏其生理结构，以致树木在种下几年后依然会被风力推倒。在国外，由于"盘根现象"而导致大树倒塌的案例非常普遍[31]。

2. 容器苗

容器是指苗盆、苗袋等盛栽器具，不管其装容方式是位于地上部或地下部。容器生产的优点是移栽时无须像地栽苗那样需要挖掘和大量断根。但它也有缺点：树木长期生长在容器中，其根系不能向外伸展，容易产生盘根现象，造成种植后易倒伏，因此这些容器苗只有很短的"货架寿命"（shelf life）。故此，容器苗必须在根系长满容器之时或之前进行移植，以免产生"盘根现象"。这就要求容器栽培时间要控制，最好控制在 3 个月左右，最长不要超过 6 个月[31]（图 5-26）。

此外，容器栽苗的用土要讲究，最好能与日后定植地点的土壤性质接近，不要选用无土栽培（质量轻、有机质成分过高）的容器苗直接定植，有可能因两者土壤性质的差异过大而导致苗木无法适应，造成成活率下降、生长不良或容易倒伏（图 5-27）

总而言之，容器苗的土壤有两点要求。一是要有足够的体积，也就是要注意"袋冠比"的匹配，即容器的大小及体积与树冠大小和生长需要相适应（参见本书第四章第三节）。不能小袋种大树。其二是土壤的理化性质要与定植地点接近，而育苗期往往是不知道将来的定植地点的，如何处理？建议参照一般销售区域即可能的定植地点的土壤理化性质和该地的种植土标准来确定和调配容器苗土壤的理化性质。此外土壤中有机质的比例不宜过高，因为乔木苗木对土壤要求的另一标准是容重不宜过低，建议控制在 1.0～1.2，否则土壤过轻则固着能力下降，很容易导致定植后倒伏。

以上就是国际树木学会的苗木要求，加上笔者的一些理解和阐释。我们可以作为参考，吸纳其合理的部分，从而修改完善我们自己的苗木标准。

值得一提的就是这六点标准，似乎都有一个共同的、明确的指向或目标，就是十分看重树木的抗风能力！这个指向或目标或许就是我们长期忽略的东西，也是需要我

图 5-26　容器苗要控制袋冠比和栽植时间

图 5-27　过轻的容器基质会导致倒伏

们认真反省和检讨的。如果我们种的树木抗风能力不强，不安全，易倒伏折枝，会有什么后果？就会造成安全事故，伤人伤物，作为主管单位和施工养护企业就要变成被告并作出赔偿。笔者发现，最近几年的台风令我们多个城市的树木损失惨重，却鲜有检讨我们在树种选择、种植标准、施工监管和养护等方面的失责。把责任似乎都推给不可抗力的台风身上，这显然不是一个科学的态度。

还有就是关注树木、树苗的抗风能力，或许只是一个实用性的指标或目标，我们是否更应该从这里开始，拓展到关注我们树木种植、健康生存的百年大计、千年大计？雄安新区第一标"千年秀林"，不应该只是一个工程名称，更应该成为我们风景园林全行业的追求目标！

笔者发现这六点要求还是有点缺项，缺什么？就是育苗期及出圃时的修剪要求。这一点在下面的原冠苗及修剪标准中详细讨论。

三、原冠苗及修剪标准

（一）原冠苗的概念

原冠苗在我国最早出现在 2004 年的香港迪斯尼乐园的绿化工程施工上，十年后的上海迪斯尼乐园绿化工程延续了这一标准，这个美国企业的要求除了令我们的绿化施工企业慨叹"找苗难"以外，（因为中国的苗圃里几乎没有原冠苗）在行内并没有翻起多少涟漪。2016 年 G20 杭州峰会绿化工程也同样提出使用原冠苗。真正产生较大影响的是，2017 年雄安第一标"千年秀林"要求使用"原生冠苗"，令众多的供苗企业措手不及，大量不合格的苗木遭遇退货。至此，原冠苗才被更多"敏感的"业内人士知晓。

雄安集团编制的《雄安新区植树造林工作手册》对用苗标准有三个基本要求：

一是所有苗木必须提供"二证一签"，即苗木检疫证、苗木检验证、苗木产地标签。二是乔木树种一律**使用原生冠苗，不使用截干苗**；主干基本通直且有明显的中央领导枝。三是植株生长健壮、冠形完整、株形端正、土球完整不散坨等。严格把关，不合格苗木一律不得使用。只有达到标准的树苗，才可能进入"千年秀林"。[32]

从上述要求可以看出，"原冠苗"或"原生冠苗"主要针对我们普遍使用的"截干苗"而言。截干苗为什么不选用、不能用？

清华大学地球系统科学中心副教授杨军试着从树木生态学的角度来解释苗木截干的弊端所在："一棵树就是一个完整的生态系统，其枝丫的生长分布是长期自然选择下形成的最优结构。当人为将其截头定干后，即使能促发长出新的枝条（干萌条），但这些枝条集中在一个断面内，其组织结构已经发生变化，树枝在树干的附着强度显著降低，难以抵抗风吹、雪压的侵袭，故而导致砸车伤人事故的频发，为城市绿化埋下很多安全隐患。这样的树尽管也在长，也具有一定生态价值，但与原冠苗相比差距就大了，从某种意义上讲，它已经丧失了成长为一棵树的完整价值。"[33]

杨军教授长期进行城市生态、城市林业的研究。在他看来，城市绿化应该是种树，而不是种景，**这些树的未来应是一棵棵可以为人类遮阴，为环境增绿、固碳、造氧的参天大树，而不是一棵棵不死不活、断臂截枝、弱不禁风的残障树**。他表示，这种截干后重新发冠的苗木不仅使枝干的附着强度降低了，更严重的是易诱发干腐病、心腐病等，还会缩短树木的寿命。几十年后，城市绿地看到的将不是参天大树，而是因病致残甚至死亡而不得不换掉的废弃树桩[33]。

据介绍，这种情况不是在中国首次发生，20世纪60年代的新加坡就有过教训。当时新加坡大力推动花园城市建设，从森林中移植了大量的截冠树木，但30年后问题都出来了，因心腐病的诱发换掉了大批的树木。除了新加坡外，埃及、沙特也都有类似惨痛的教训。"现在中国如此大规模地应用截干苗，人们对一种不科学的树木栽培措施似乎已经习惯了，这是最可怕的。"杨教授言谈中透着焦虑。同样从事城市林业研究的中国林业科学研究院研究员王成也在多种场合疾呼，苗木培养不要再截干，不能再压低城市树木的高度，要让树木自由地向高空生长，才利于其发挥更大的生态价值[33]。

杨军教授及王成研究员的观点笔者十分赞同。不科学的育苗方式和会造成日后安全隐患的、不利于树木健康成长的理念均应被摒弃和淘汰。当然这个过程任重道远，要改变人们习惯了几十年的育苗标准难度极大。但坐言起行，行而不辍，未来可期。我们也欣喜地看到，有实力和远见的苗木企业，已经开始了原冠苗的规模生产。

在湖北省襄阳市，就有家以雄安"千年秀林"的"原冠苗"理念为导向，积极践行"原冠苗"的培育生产，摒弃"截杆蓄冠"式乔木培育方式的公司，即华中和鄂西北地区首家原冠苗生产企业——湖北申林林业科技有限公司。该公司总经理李翼群是原冠苗培育理念的积极探索者。目前申林林业已经培育优质"原冠苗"数十万株，远销全国各地[34]（图5-28、图5-29）。

青岛的抬头园林科技有限公司（以下简称"抬头园林"）在2014年计划种植元宝枫时，跑了很多地方优选元宝枫小苗，由于元宝枫干性不好，很难挑到一批干性好的种苗。思虑过后，公司决定自己培育一批种苗。解决"干性"问题，最好的办法就是给树苗"扶架"，但扶架会增加很多成本，核算成本和出精品苗的比例之后，最终决定了扶架方案，这就是抬头园林培育优质种苗的开端。抬头园林培育的元宝枫全程竹竿扶架，中央干形明显，干性通直[35]（图5-30、图5-31）。

图5-28 李翼群在修剪原冠苗[34]

图5-29 原冠苗成品[34]

图5-30 原冠苗的幼苗扶架[35]

图5-31 元宝枫原冠苗[35]

解决了"干"的问题，这只是培养精品苗木的基本问题之一，还有很关键的问题没有解决，那就是培养什么样的树形？是开心形，截干发帽，还是其他的树形？这个问题可比解决"干性"问题要难多了，因为这不仅直接决定这批树的命运，还决定了抬头园林未来的发展[35]。

最后，抬头园林决定结合国情，借鉴国外经验，进行创新，做元宝枫原冠苗。经过几年的摸索，元宝枫原冠苗已逐渐成型。抬头园林培育的元宝枫树体结构合理，树形优美，树冠伸展，上下层次均匀、丰满，树体姿态优美，符合未来高标准用苗要求，适宜苗圃定植培育成品苗[35]。

2020年，江苏汇农天下信息科技有限公司（以下简称"汇农天下"）在江苏新沂新建了3200亩苗圃，以生产原冠苗为主。公司总经理马双阳在查阅了林业碳汇的相关信息后，觉得原冠苗在碳汇交易市场中的优势明显。目前，业界对林业碳汇普遍认可的说法是，树木品种、健康度、规格等都会影响其固碳量。阔叶树的固碳量强于针叶树，大树固碳量强于小树。按这个说法，对于同一品种、同等规格的树，原冠苗的固碳效果强于截干苗。一是原冠苗的活冠比在60%以上，树木健康度优于截干苗；二是原冠苗分枝更发达，叶片数量较截干苗更多，能吸收、固定更多二氧化碳[36]。

汇农天下培育原冠苗时关注各层分枝距离比、分枝头尾规格比，让每层分枝呈螺旋楼梯状分布（图5-32）。如此培育的树体，不仅美观，而且叶片分布匀称、健康，也因此有更强的固碳潜力。可见，原冠苗不仅是未来园林应用市场中的"香饽饽"，在碳汇交易市场中的收益也更可观[36]。

图5-32　汇农天下的原冠苗[36]

（二）修剪标准

上面提到，原生冠苗截干不行，截枝是否能行？答案依然是不行。截枝或短截枝条产生的后果与截干相似，短截枝条产生的枝萌条同样是不健康的和破坏树冠结构的。因此，原冠苗或原生冠苗的定义应该是：**主干及分枝没有短截的，由原生枝条形成原生树冠的乔木树苗。**

那是不是育苗过程不能修剪？当然不是。在本书第二章第三节我们讨论过移植前修剪的问题，提出必须采用**"疏枝为主，慎用短截"**，乃至于**"不准短截"**的原则。这不仅仅适用于移植前修剪，也适用于整个育苗过程，甚至于定植后的养护期修剪。也就是说，**疏枝为主的修剪原则适用于乔木苗木的育苗期、移植期和养护期的全过程。**

回顾一下，修剪的基本方法有两种。一是疏枝——把枝条从基部剪去的修剪方法；二是短截——剪去枝条的一部分的修剪方法。截干和剃头式修剪均属于短截修剪的范畴。短截修剪会造成很多不良后果，如：切口腐烂造成枯枝；切口处长出的干萌条、枝萌条由于固着能力差，容易造成劈裂、折枝等安全隐患；更为严重的是短截破坏了树木自然形成的树形美态，破坏了树木自然形成的健康合理的树体结构，使树木成为"残疾"或"残废"之树，大大缩短了树木本该有的预期寿命和健康美丽的生命进程，原本有望成为参天大树的树木，变成"矮穷矬"的"侏儒"树。

第三节　乔木育苗的根系保护和种质保障

乔木大树是城市绿化和生态修复的主角，它的重要性怎么强调也不过分。前述章节我们讨论了免修剪大树移植技术的细节和应该提升的苗木标准，但这还不够。如何确保我们种植的大树能够如愿长成参天大树，发挥最好的生态效益和景观效益，使美丽中国的百年古树乃至千年古树随处可见，美不胜收，我们还应该重视育苗过程的主根及根系的保护，还有如何确保我们种植的乔木树苗是优质种苗？

一、原生根苗和原生根保育技术

本章前面的内容主要讨论的是原生树冠的保留和保护问题，根系方面只是提出如何使根系分布均匀和容器苗不产生"盘根现象"。在这里笔者郑重提出一个几乎没有人关注的乔木育苗过程中的根系保护问题——既然树冠在乔木树苗中被强调"原生冠苗"，为什么我们不能强调"原生根苗"呢？

（一）完整根系的重要性

清华大学杨军教授说："一棵树就是一个完整的生态系统，其枝丫的生长分布是长期自然选择下形成的最优结构，……"[33]。这话非常正确，而且同样也适用于地下部分的根系。也就是说，根系同样应该是不能忽略、不可或缺的整棵树生态系统的重要组成部分。

而且，根系是植物的"大脑"或心脏，主要表现在：

一是根系在植物发育进程中处于"优先地位"。如胚根早于胚芽分化；种子发芽时，胚根先突破种皮伸入土壤。组培和扦插时先长根后长叶时容易成活。新栽幼树"先蹲下来后站起来"（即先长好根再长地上部分，缓苗期是根系的恢复发育期）。根系没有自然休眠，早春根系先发育（先长新根后长叶）。根系能够合成并向外释放大量信使分子（发出指令）；几乎所有的植物激素都能够在根系合成，大多数情况下根系的激素浓度高于叶片，在外界刺激下根系激素的合成比叶片更快捷。根系有众多分枝，与土壤颗粒紧密交接在一起，稚嫩、敏感、活跃、更新快（可以无限进行多次尖端生长），根毛、根尖不仅是植物的"吸收器"（吸收水分和无机盐），还是"触须"和"探测器"，感受环境的微小变化[37]。

二是根系通过感知环境变化的能力，发出指令调控地上部分。如柑橘长期处于土壤干旱环境中，即使叶片受到干旱伤害也不会脱落，而一旦复水解除干旱，叶片即纷纷落下。导致这种现象的原因在于水分胁迫下（土壤干旱）根系合成了大量 ABA（脱落酸），ABA 在根中能够诱导乙烯前体 ACC 的大量积累，遇雨或灌水后，ACC 沿木质部随蒸腾作用运输到叶片，在叶片中 ACC 氧化成乙烯，通过乙烯使叶片落下。这意味着根系受到干旱时能够合成并输出某些物质，这些物质在蒸腾作用下通过木质部输送到地上部，从而调节叶片的生理变化[37]。

三是植物根系比植物地上部分发达，根系的建造和代谢比植物地上器官需要消耗更多的物质和能量。 动物大脑（包括人的大脑）比机体其他器官更发达，耗氧、耗能更多，如大脑有复杂的功能分区、消耗的氧气占全身耗氧量的 20%。同样的，植物根系远比地上部分发达，在土壤适宜的条件下，多数植物的根系体积和分布空间远大于地上部分；建造根系的同化物也高于建造叶片的同化物，根系代谢活动消耗的物质和能量同样比叶片高[37]。

（二）主根被断能矮化树木

乔木矮化在观赏园艺上有广泛的应用。矮化果树为了便于采摘；观赏乔木矮化是希望乔木变矮或灌木化，增加观赏性和适应一些不适合种植高大树木的环境。目前已有 40 多种观赏乔木和 30 多种水果成功被矮化。矮化的手段有物理矮化：砧木嫁接矮化、盆栽矮化、环割矮化、密植矮化（窄株宽行）、修剪矮化和断根矮化；还有化学矮化（生长抑制剂）、基因技术和病毒矮化等等。断根就是一种简单有效的物理矮化手段[38]。

断根使根冠平衡被打破（跟截干的后果类似），致使地上的主干营养生长受到抑制，进而增加了短枝和花芽比例，使树体矮化紧凑。具体操作：铲断地下 30 ~ 40cm 深处的主根，控制垂直根的生长，培养水平根，结合施肥控制树冠长势达到矮化[38]。

但园林上培育乔木的主要目的是栽植参天大树，尽可能让乔木长到它的遗传物质允许的高度和冠幅，发挥最好的生态效益和景观效益，营造"千年秀林"，并让它们"享尽天年"。可以说，这才是我们培育乔木的初心使命。因此，我们应该考虑和重视乔木育苗过程中的根系保护和主根保护，从播种及小苗开始系统地保护根系。

（三）原生根技术

为了培育更多能享尽天年的参天大树，使树木的高度、冠幅、寿命能达到植物遗传性能支持的最佳状态，我们需要研究如何从**播种开始保护树苗的主根**，既是为了今后定植的固着能力和抗风能力的正常形成，也是为了树木在今后百年乃至更长的时空上，维持最佳的生长状态。

1. 采用促进乔木根系垂直生长的播种容器或小苗容器

由于保护乔木根系一直不受重视，我们现在市面上大部分的穴盘和小苗容器都是比较浅的，高宽比差不多，不利于乔木根系的垂直生长。国外的一些容器提高了高宽比，比较适合乔木根系的生长。胖龙（北京）园艺技术有限公司曾从国外引进了这类育苗容器（图 5-33）。笔者在澳洲考察时也发现了一款高宽比是 2.7 的高筒育苗容器（图 5-34），该育苗容器的内壁还有 8 条垂直的凸条，如果根尖接触到容器内壁，凸条就会阻碍根尖向水平方向绕圈转而垂直向下生长（图 5-35）。这就十分有利于培育垂直的乔木根系。

乔木容器的高宽比大，有利于根系的垂直向下生长，保护主根和提高定植后的根系生长深度，从而有利于地上主干树冠最后达到理想高度（图 5-36）。除此之外，它还具有改善容器土壤水气环境的作用。高宽比大的容器相比于高宽比小的容器，其容器高度的提升有利于下雨或浇水后水分的顺利排出，从而改善了容器土壤的通气状况、气体交换、根系呼吸等等。而根系的健康生长自然促进了整

图 5-33 胖龙（北京）园艺技术有限公司引进树木专用穴盘

图 5-34 澳洲生产的高宽比 2.7 的育苗容器

图 5-35 澳洲乔木育苗容器内壁上的 8 条凸条

图 5-36 国外苗圃的高宽比为 1.5 的容器

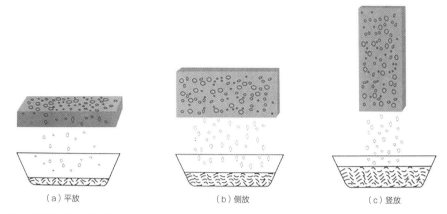

图5-37　分别排水量和占比 [平放排水量为50mL（占总含水量的4.2%），侧放排水量为125mL（占总含水量的14.8%），竖放排水量为375（占总含水量的46.5%）]

棵树的正常发育。

有人做了这样的试验，将三块同体积的长方形海绵吸满水后用平放、侧放和竖放三种方式。然后测试三种方式排出的水分，竟然有很大的差异（图5-37）。海绵体积同为1184mL，吸水饱和时，持水容积达950mL，即总孔隙度为80%，当它以不同的方式摆放时，排水量分别为平放50mL、侧放125mL、竖放375mL！呈现出海绵摆放高度越高，排水量越大的规律。而海绵体的结构和孔隙与土壤相似，这个试验从另一个角度揭示了高宽比大的容器的水气状态趋向——水分从高处因重力作用而迅速向下排出，把孔隙让给了空气，使孔隙中的水气比接近于1:1，有利于容器中土壤的水气平衡。而水和气是土壤肥力的四要素——水肥气热中的两大要素，它们的平衡互动有利于土壤肥力的有效发挥。或者通俗地说，提高容器的高宽比，可以减少容器土壤积水的可能性并提高土壤通气性。而积水和不透气正是根系最忌讳的。因此高宽比高的容器不但有利于根系特别是主根的垂直生长，还大大改善了容器土壤的水气环境，从而促进了整棵树苗的生长。

2. 原生根的保护应贯穿于从播种到出圃定植的全过程

（1）容器栽培

从播种开始的容器栽培除了注意选用特别的容器——高宽比大的容器，使用肥沃而不易板结的，酸碱度、有机质、容重适中的土壤，以及精细的管理——主干扶持、水肥供应等外，还要注意每款容器的栽培时间。前面提到国际苗木标准时，要求将袋培时间控制在 3 ~ 6 个月是针对比较大的树木，而不同树种、不同气候和不同阶段应该有不同生长速度和与之对应的栽培时间的应对安排。其把握的原则是：在根系到达容器底部之前进行容器更换，不让根系生长到容器底部导致根系拐弯、缠绕。

（2）地栽

地栽苗木首先要考虑不同育苗阶段的可能根系深度，把合适的土壤安排或改良到这个深度。否则，一般的田土耕作层深度大概是 20cm，下面就是未被耕作扰动的和压实的生土。如果我们对这样的田土不做任何改良，根系就只会避开生土而在表土中横走，乔木主根就会被迫拐弯，以水平伸展为主。我们想培育健康的、均匀分布的、放射状的深扎主根的努力就会落空。

为此，建议 3 ~ 5cm 胸径的乔木苗木，合格种植土的深度应不少于 50cm；6 ~ 8cm 胸径的乔木苗木，合格种植土的深度应不少于 80 ~ 90cm。苗地里合格种植土的深度要求，应与之相若或稍深。如果苗木下地以后到出圃前不想拉疏移植，那就应该在苗地里留足出圃苗木标准要求的株行距，并备足供树苗生长的合格土壤。

地栽苗拉疏移植或出圃定植的时间与容器苗一样，要综合考虑在树冠和胸径达标时的根系分布情况，作出及时的起苗移植或起苗出圃安排，以防止根系的离心生长远远超出起苗土球的范围，导致因起苗而损伤过多的根系，特别是主根。

出圃定植的树穴标准，可以参照前述的国际标准，如国际树木学会要求是树穴的直径和深度是土球的 3 倍，土球的直径是树木胸径的 10 ~ 15 倍。在这些国际先进标准的启迪下，研究制定适合于国情和树种的本国的行业标准和地方标准。

二、种质保障

前面提到种植乔木的目标应该是"千年秀林"，参天大树，但是我们发现，我国北方的生态大工程"三北防护林"，用扦插苗种植的"速生杨"，寿命却只有三四十年[39]（图 5-38、图 5-39）。

为什么扦插的杨树的寿命不如播种苗和实生苗呢？按照植物生理学的阶段发育理论，取自树冠外围枝梢的枝条扦插，它的阶段发育年龄已经是很老了，至少是相当于该树的年龄了。如果采集枝条的母树也是扦插苗长大的，那年龄叠加就更老了，远不如根颈处萌发的根蘖芽，更不如种子播种的实生苗年轻。因此，我们在选择乔木繁育方式时，就要优先考虑有性繁殖产生的播种苗、实生苗，实在找不到种子的时候才考虑根蘖芽做无性繁殖，或通过组培等手段进行返幼培育。至于树冠上方的枝条，不应列入繁殖材料的范畴。

乔木扦插苗的另一个弊端就是树冠往往不好看，如图 5-40 与图 5-41 的对比。

如何确保我们种植的乔木的种质在遗传性能、生长表现和景观效果方面均属优良，在我们的原生冠和原生根保护培育系统的先进技术培育下，成就"千年秀林"，荫及

图 5-38　三北防护林扦插杨树 30 年死亡 [39]

图 5-39　1910 年拍摄的华北三百年大白杨 [39]

图 5-40　实生苗长成的雪松——丰满的树冠（昆明）

图 5-41　扦插苗雪松（昆明）

子孙后代？我们至少要做好下面三个方面的工作：

1. 选优株

我们应当在科学的本地植物规划的基础上，选出本地的基调树种；然后筛选优株，建立优株培育和采种基地，为参天大树和未来古树奠定优良的遗传种质。这一点我们应该向林业学习，建立不同地域的风景园林基调树种的优株选育系统和生产繁育基地，并深入研发相关种子选优及播种繁育等先进技术，让这些未来古树"不输在起跑线上"。广州、北京等地园林科研机构已经开展了相关的工作，建立了不少本地树种及古树的种质资源库，并开始了遗传资源评价、优株选育、杂交育种等研发。

2. 采优种

选择了优株，建立优株选育基地之后，我们还面临一个如何采集优种的问题。并不是将树上结的果实和种子所有都不加甄别地收集、储存、播种就可以的。因为一棵树结的果实和种子有好的，也有不好的，有的种子间差异还很大。记得几十年前老师傅教我们收集鸡冠花种子，就要我们不要全部拿下来，只要花序中间的那部分种子（图5-42）。1981年张颖清教授在《自然》杂志上发表了《生物全息律》，这个理论认为，每个生物体的每一具有生命功能又相对独立的局部（又称全息元），包括了整体的全部信息。根据前人的经验和"生物全息律"，植物或树冠的重心或果序、果实的重心部位的种子是比较好的，形态饱满，生命力强。故此，采种的时候我们应该选择树体或树冠的重心部位结的种子，来确保优中选优，在优株中选优种（图5-43）。

图 5-42　穗状鸡冠花采种看花序重心

图 5-43　两广梭罗树冠中部的果实饱满

3. 育优苗

有了好的种子，培育优苗也并不简单。我们要有强大的科研试验体系去支撑每个生产环节。我们要研究不同树种的种子特性，如种子的后熟期、种子的储存条件和时限，种子发芽的条件，包括温湿度控制和对光线的要求、播种基质和器具、小苗、中苗、大苗移植的阶梯和体系等等。

总而言之，为了培育参天大树、营造千年秀林和子孙后代的优良环境，我们应该尽最大可能和投入，悉心培育我们风景园林和生态修复的主角——乔木植物，打造真正生态优先和可持续发展的风景园林。

第六章

整体移植

由于城市建设的需要，有时我们不得不对一些种植多年的大树，甚至是古树等进行迁移作业。随着社会的进步和生态保护意识的提高，这些超大型树木的保护性迁移的技术标准也越来越高。因此，对这些大树进行高标准的整体移植应该是大树移植技术的"天花板"或最高水平。本章简要介绍整体移植的技术标准和迁移的案例。

第一节　整体移植的概念与标准

对于种植多年的大树、古树及古树后备资源的保护性迁移，不能像过去一些城市那样，采用低标准或称粗暴的强修剪、大抹头的迁移方式，不管成活率或长期成活率，也不管这棵树还残留多少树冠。而是要在确保成活的前提下，尽可能地保障树冠和根系的完整性，为此笔者还提出了"树冠完好率"的概念。这样的"整体移植"，有别于过去的"强修剪移植""全冠移植"——保留几个主要分枝就行，还有本书提出的"免修剪移植"——主要针对苗圃适龄树苗的移植。

当然，在考虑迁移这些珍贵大树之时，我们首先要解决迁移的合法性和必要性问题。

一、迁移的合法性和必要性

（一）迁移的合法性

合法性是迁移的前提条件。种植多年的大树、古树后备资源和不同年龄的古树有着不同的保护级别和迁移的前提条件。我们首先要在符合国家和地方法律法规的前提下，并在充分比较、分析迁移必要性的基础上，开展相关的迁移论证和审批程序。

广州市在 2022 年修订了《广州市绿化条例》，颁布了《广州市城市树木保护管理规定（试行）》（2022 年 1 月 10 日印发，1 月 11 日实施），对于大树、古树及古树后续资源的迁移作出了明确的规范。要求依据生态优先、保护优先和最大限度避让的原则，从建设项目立项、控规开始，要组织编制"树木保护专章"，严格控制各类树木的迁移和砍伐。古树和古树后续资源迁移的前提条件是"公益性基础设施"建设项目，以及在保护专章中详细论述"树木无法原地保留的必须迁移、砍伐的理由"，经充分论证后才能提出迁移申请[40, 41]。

（二）迁移的必要性

迁移必要性的论证，上面提到广州的规定必须符合"公益性基础设施"建设项目的前提条件。但并不是符合前提条件的项目就可以随便迁移。应该按照生态优先、保护优先和最大限度避让的原则，提出不同的避让比选方案，经专家充分论证后，确实无法避让的才能提出迁移申请。但树木保护专家要和机场、高铁的规划设计专家讨论迁移的必要性往往是困难的。建议今后在制定相应法规时，要有更明确和更具操作性的限定要求，才能真正落实"保护优先"这一立法原意。

二、迁移的技术要求

（一）成活率

古树及古树后备资源的成活率要求达到 100%。我们的行业标准中，一般绿化工程的树木成活率要求是不低于 95%，那么，对于数量极少且珍贵的古树及古树后备资源（2016 年住房和城乡建设部文件规定树龄 50 年以上为古树后备资源，要求进行调查登记并挂牌保护）而言，确保成活，将成活率提高到 100% 应该是合适的。

（二）树冠完好率

这是笔者提出的一个新的概念。主要是针对过去树木迁移时采取的强修剪、大抹头的粗暴落后方式，更是为了这些珍贵树木迁移后的长治久安、延年益寿。期待这些被迁移的树木能继续以良好的树形美态和勃勃生机为我们的生态环境和美好景观服务，营造人树和谐共处的优良环境，共享美丽中国。

树冠完好率的具体要求——①在树冠的立面形象方面，移植后的树冠完好率与移植前相比，不低于 80%，即迁移后树冠的垂直（立面）投影面积的缩小不大于原始树冠垂直投影面积的 20%；②树高原则上不能降低；③修剪量要求：可以剪去部分内膛枝、重叠枝、病虫枝，确需对树冠收窄时，收窄比例不大于 15%，总修剪量不大于 15%；④修剪手法只能疏枝，不能短截。

（三）土球要求

土球的直径原则上不低于树木胸径的 5 倍，土球的高度根据实际情况掌握。

（四）土球包装要求

土球推荐用麻包布或包装棉作为内包装，钩网作为外包装（图 6-1）。直径超过 2.5m 的土球应增加钢结构的起吊承重结构（图 6-2）。

图 6-1　直径 2.5m 以下土球：包装棉 + 钩网　　　图 6-2　直径 2.5m 以上土球增加起吊承重结构

（五）树冠保护要求

开挖前要对树冠作好支撑，以防止开挖过程树冠摇动倾斜。2.5m 直径以上的土球要考虑使用钢结构连结支护或支撑主干，让土球与主干位置相对固定，以防止起吊时树冠过分摇动；起吊钢缆穿过树冠处的枝条时要做好起吊前的防护包扎。

（六）起吊要求

应全过程保护土球、树冠和全部的枝叶，不能因为起吊过程和起吊钢缆损伤树体的任何部分。直径超过 2.5m 的土球不能以土球、树干、枝条作为起吊的受力点。就近移植的起吊作业应在一天内完成；轨道平移的作业应在三天内完成。

（七）从开挖土球到定植入穴的时间控制

该时间段越短越好，2m 直径及以下的土球控制在一周之内，2m 直径以上的土球控制在两周之内。

（八）定植地点选择

尽可能就近迁移，以减少运输成本、避免运输障碍和降低树木水土不服的可能性；迁移后的定植地点应该是规划绿地或公园，并确保法律规定的控制保护范围是绿地而不是铺装、建筑（古树的控制保护范围是树冠投影外 5m）；不能将古树及后备资源定植于较窄的道路分车带上。

（九）定植地点的树穴要求

树穴的深度和宽度不少于土球的一倍。

（十）定植地点土壤要求

首先应符合本地园林种植土标准；其次应与原种植地点的土壤理化性质相近，如酸碱度的差异控制在 0.5 以内，如果土壤未能满足上述要求，应改用客土或改良至满足要求为止；其次，至少要保证在树穴的深度范围内充满符合以上标准的土壤；最后，树穴应排水良好，否则应采取加强排水的措施。

（十一）养护时间要求

不少于三年（广州要求是五年）。

第二节　整体移植的案例分析

近年来，国内超大树木和古树整体迁移有不少案例，技术上也在不断进步。特介绍其中几例，学习、分析其中的细节。

一、延安黄陵县 2000 年古柏的整体移植

陕西省延安市黄陵县南沟门水库淹没区史家河村老君庙前有 1 株古侧柏，据传公

元前 110 年，汉武帝刘彻北征朔方得胜而归，亲至老君庙焚香祭祀，并在庙前亲植 1 株侧柏，赐名"老君柏"，距今已有 2000 多年的历史，此古侧柏被列为一级保护古木。该树树高 18.5m、地径 3.05m、米径（胸径）2.3m，枝下高 4m、冠幅 19.6m，与黄帝陵黄帝亲植的"轩辕柏"以及黄陵县桥山公园的古侧柏群遥相辉映，被当地群众当作"树神"[42]。

该古侧柏位于南沟门水库蓄水后淹没区内，为了保护古侧柏，传承文明，黄陵县政府报国家有关部门批准对其进行保护性移栽。该"古侧柏抢救性保护移栽工程"于 2009 年 11 月 30 日开工，2011 年 3 月 26 日完成移栽，再经 5 年养护，至 2016 年 3 月全部完工。该项目由黄陵县林业局作为业主单位，浙江森禾集团股份有限公司作为承接设计与施工单位[42]。

此项目分三个阶段进行：

第一阶段：2009 年 11 月 30 日开工，调查古侧柏周围 25m 范围内土壤情况，并开展土球挖掘、钢架结构固定和绑扎土球、营养土回填、营养液滴灌、喷雾保湿系统安装和施用等工作。2010 年 8 月，邀请专家组现场观察，结果表明：经过断根处理及一年生长周期的养护，萌发出大量新根和新枝叶，新生毛细根生长旺盛，具备移栽成活的条件，专家组一致同意移栽[42]。

第二阶段：2011 年 1 月开始移植工作。设计土球规格：直径 9m、深 3.2m，推测总重量 450.69t（包括土球重量 371.11t、树体重量 52.58t、钢架结构重量 27t），于 2011 年 3 月 26 日正式迁移，通过土球挖掘、绑扎，钢架结构固定和绑扎土球，土球过冬保温，移植前修剪，搭设防风雪设施，平衡修剪，吊装时树体支撑、固定，吊装，运输时树体支撑和固定，运输安全保护等系列工序，用 650t 履带式起重机成功将古侧柏吊起，164 轮十轴液压平板车承载古侧柏缓慢行驶 2.5km。经过 4 个多小时的努力，顺利运抵定植地点。在吊装、运输过程中做到土球纹丝不裂；定植方位与原树体方位完全一致，一天内完成吊装、运输、定植的全部工作[42]（图 6-3、图 6-4）。

该移植案例有几点值得学习：

（1）提前一年挖掘断根，然后回填营养土、滴注营养液促进新根生长，一年后才正式移植。

图6-3 土球包扎[42]

图6-4 钢架结构[42]

（2）土球直径9m，是胸径的3.9倍，有了提前断根培育一年的铺垫，加上适度的平衡修剪等系列措施，能以3.9倍土球移植成活，实属不易。

（3）挖掘和移植均选择在冬天树木休眠和半休眠状态时进行，按老祖宗"种树无时唯莫让树知"的经验，这是一个不错的时机选择。

（4）土球包好后用钢架保护并作为承重结构，是移植超大树木安全起吊的一个理想结构。

（5）重视土壤，开工前先取样分析调研土壤，并采取营养土、营养液等措施保障树木养分供应，是移植超大树木的"强根固本之策"。

二、浙江省建德市樟树古树轨道平移保护工程

2008年，浙江省建德市对一株樟树古树进行平移保护。该古树树高约17.0m，树干最大直径2.0m，树冠面积500m²，平移树体和根坨总重量达5500～6000t，根坨的上口径尺寸约25.0m×25.0m、下口径约28.0m×28.0m、中心处深度约为3.7m。由于施工难度非常大，上海天演建筑物移位工程股份有限公司联合园林专业技术团队，采用了建筑物搬迁技术和古树复壮技术，通过轨道平移的方法，将古树整体平移了74.0m、抬升了3.5m。该工程耗资330万元，耗时110天。这棵平移的古樟树，在移重、移距、抬高和技术难度上，国内外尚未发现超过该工程的。因此，建设方向吉尼斯总部申报了"世界第一移植工程"[43]（图6-5）。

工艺流程：施工准备 → 探根 → 古树支撑 → 托盘形成 → 根坨形成及加固 → 工作

图 6-5 掏底隧洞开挖 [44]

图 6-6 迁移两年后樟树长势不错（2010年6月摄）[45]

导坑施工 → 施工滑板及顶力后背 → 横向顶入钢构托梁 → 顶推基础施工 → 纵向隧洞开挖 → 置入纵向托梁 → 迁移 → 托梁抽拔 → 基坑回填 → 树体支撑 → 围护 → 养护。

迁移到位后，养护专家为樟树全身建起了喷灌系统，以便向老树提供营养液，适时向根系喷水，发现虫害及时进行除虫。根据专家的意见，在古樟树根部覆盖了 70 立方米最好的有机肥——太湖泥炭，喷洒了 1000 斤相当于"人参汤"的生根水。有关专家说，古樟树相当于六七十岁的老人，喷灌系统的"营养液"和泥炭就如同补品，让古樟树强筋壮骨，才使古樟挪位后重新焕发生机与活力[45]（图 6-6）。

该工程的确可以称为世界第一的移植工程，是古建筑整体移动技术和园林移植技术的一次完美结合。土球上表面积达 625m²，下表面积达 784m²，均比树冠面积（500m²）要大。土球厚度达 3.7m，土球体积约为 2600m³。

三、杭州上塘路古香樟迁移工程

杭州上塘路与文晖路交叉口以北 65m 的道路中心有两棵相邻的古樟树，一棵树龄 500 年，胸径 139cm，冠幅 14.5m；一棵树龄 300 年，胸径 96cm，冠幅 14m。此地一带在元朝时期为钱塘江畔，经过历代围垦，钱塘江逐渐远退，该处成为陆地。1970 年代以来由于城市扩展，此处成了市区。这里原有一座潮王庙，古樟即位于庙门口，后庙毁树存。2000 年因上塘高架路建设需要，市政府决定搬迁这两棵大树。杭州申华景观建设有限公司中标施工（中标价 268 万）。采用顶升井技术一体迁移法迁移成功[46]（图 6-7、图 6-8）。

2001年1月5日，园林部门先对两棵即将搬新家的古香樟进行了根系探测。发现它们的底部根系竟然占据方圆近170m²，根深约3.5m，两棵古樟树相距3.8m。迁移施工时的土球大小为15m×9m×2.2m，共297m³，重量为505t；木材15m³，约重20t；钢架重107t；整体重量632t，顶升井为25m×17m，高3.1m（中空尺寸为15m×9.5m），底部与地基直接接触面积为155m²。迁移距离为70m[46]。

该古树迁移案例有几点值得关注：

（1）两棵相距3.8m的古树合共一个土球一起迁移。因为两棵树相距太近，分开挖掘土球必然伤根太多。

（2）事前做了根系探测，为制定迁移方案奠定了坚实的基础。

（3）土球的切底作业首创采用特制的螺旋排土机进行切底作业，再用钢板顶进。

（4）土球包装完成后用800t千斤顶群（100t4个，20t20个）进行顶升作业。

图6-7 整装待迁的两棵古香樟[46]

图6-8 定植后的两棵古香樟[46]

四、浙江瑞安三圣门320年树龄的古榕迁移

该古榕树在瑞安市安阳街道三圣门村，位于瑞安城区东南隅，已有1500多年历史。明朝时，因村头建有三座圣旨牌坊门，故名"三圣门"。此古榕树为有320年树龄的小叶榕，树高11m，树围3.7m，冠幅平均20.5m。如何做到既不妨碍旧村改造，又能留住古树记忆？2021年12月，三圣门村股份经济合作社干部多次牵头召开社员代表大会。会上，大家希望古榕能有更好的生长环境[47]。

图 6-9 古榕土球包装——铜墙铁壁[47]

图 6-10 准备起吊[47]

2022 年 3 月，三圣门村股份经济合作社委托杭州啄木鸟古树救护有限公司，全面检测评估这棵古榕的生长环境、状况等，考察、分析 3 处移植"候选地"的实地情况，对移栽步骤、机械设备、后期维养等进行专业评测。后又经多方实地调查，相关单位将"新家"定在距离"老宅"130m 左右的隆山公园一期工程的主题广场处。为确保移栽成功，3 月 25 日，最终制定出对这棵古榕影响度较小的施工方案，为此村里还付出 90 多万元的古树"搬家费"[47]。

为了将对古树的损伤降到最低，在古树的身上还缠绕了一圈圈蓝色的"胶带"（裹树布）。工作人员将一些枝干修剪的同时，喷上抗蒸腾剂，挂吊营养液，还给它套上"衣服"，保护树皮在移植过程中不会损伤（图 6-9、图 6-10）。为确保古榕树在"新家"过得好，坑洞里铺上了古树专用基质，设置 8 条复壮透气管，促进古树复壮与根系生长。

2022 年 6 月 4 日从上午 7 点开始，历经近 9 个小时，一棵 320 岁的古榕被吊起，移向距离 130m 外的"新家"——隆山公园一期工程的主题广场处[47]。

这个案例值得学习的是土球保护和树干保护做得非常好。但枝叶的保护或许还有提升优化的空间。留的枝叶偏少，有的枝条被短截，可能是修剪的理念和标准还是过于传统吧。

五、广州（新塘）至汕尾铁路项目增城区段榕树古树迁移

广州（新塘）至汕尾铁路项目增城区段途经广州市增城区石滩镇白江村的

44018310221801418 号古榕树生长范围（图 6-11）。针对现场情况，广州市政府 2021 年 2 月召开全市交通工作调度会，要求建设业主单位按照谁占用谁迁移的原则组织编制古树迁移保护方案，石滩镇政府负责落实古树迁入地选点和村民协调工作；增城区自然资源局加强业务指导，组织古树迁移方案的专家评审，完善相关手续，并做好监督实施工作。

业主单位邀请了广州市林业和园林科学研究院编制了古树的迁移保护技术方案，以及邀请广东匠造生态景观股份有限公司编制了古树迁移施工方案。笔者作为古树保护专家参与了其中的技术工作。2022 年 5 月 20 日，两个方案通过了专家评审会。

该古榕树树形高大，树高约 21.0m，在主干高度约 3.0m 位置开始分叉生长，胸径约 200cm，东西冠幅约 29.0m、南北冠幅约 34.0m，枝叶茂盛，叶色浓绿，但有不少内膛枝、枯枝、枯梢，部分根系裸露出地面（图 6-12 ~ 图 6-14）。准备迁往北侧 80m 处，定植地点的树冠边缘距离铁路红线 11m（图 6-15）。

图 6-11　古榕树保护铭牌

图 6-12　2022 年 4 月 11 日待迁的古榕树

图 6-13　2022 年 5 月 20 日待迁的古榕树

图 6-14　古榕树树干情况

图 6-15　古树迁移地点示意图

　　2022 年 7 月 20 日，施工单位进场施工。首先开展了用于土球切底的顶管工作面的挖掘、树冠的适度修剪、土球根系的促根、树上的气根包裹保湿、搭建遮阴棚架、树冠安装喷雾系统定期补水、定植地点的场地清理和土壤改良等工作（图 6-16 ~ 图 6-19）。各项工作参照的标准原则上按照本书第六章第一节的要求进行。

　　顶管切底技术是本项目的一大特色，具有省工省时、效果良好的优点。施工单位采用了直径 200mm，长 10m 的空心顶管，10 个顶管一组焊成整体作为顶进单元，共用了 4 组计 40 个顶管，顶管工作面 10m×12m，深度 2.4m，基坑支护用 4m 的钢板桩。土球切底面积为 8m×10m=80m²（图 6-20 ~ 图 6-23）。

　　土球直径 9m、厚度 2m，垂直下挖至 2m 深度，然后包裹麻包布保湿，外加两层钩网，用铁钩在网扣处修紧紧固。铁网包装完成后在土球的外侧焊接土球保护围边钢架，并在顶管顶进完成后，将钢架与顶管焊成一体。最后，在顶管的底部两侧各放置两根起吊钢梁，钢梁与顶管、围边钢架连成一体。起吊时的钢缆就绑在起吊钢梁上，即 4 条钢梁负担树体及钢架的全部重量。至此，土球、钢架、顶管、起吊钢梁已连为一体，起吊前的工序基本完成（图 6-24 ~ 图 6-27）。

图 6-16　顶管工作面开挖

图 6-17　促根剂使用一周后断根处的新根

图 6-18　树冠气根包裹保湿

图 6-19　搭建荫棚喷雾保湿

图 6-20　顶管工作面全貌

图 6-21　顶管工作面的土球一侧

图 6-22　顶管工作面的受力挡墙一侧

图 6-23　第一组顶管顶进中

图 6-24　土球开挖

图 6-25　顶管、铁网包扎完成

图 6-26　土球钢架焊接

图 6-27　起吊钢梁就位

起重及运输机械的选择颇费思量。经过严密测算，土球、树体加上 70t 钢材，起吊重量在 400t 左右，起吊后需要移动 80m 距离至定植地点。最后决定采用型号为 XGC800 的 800t 履带式起重机，起重机放置在定植地点方向（改造加固路基 15m×60m，再垫 300mm 厚度的承重钢板）（图 6-28、图 6-29）。

树冠修剪是超大树木迁移的关键问题。施工单位严格按照前述的技术要求——适当修剪内膛枝、重叠枝、病虫枝；树高不降低；树冠修窄不超过原冠幅的 15%，总修剪量不超过总枝叶量 15%，只能疏枝不能短截；树冠完好率不低于 80% 的标准进行（图 6-30 ~ 图 6-32）。

2022 年 8 月 17 日，经过 28d 的艰苦奋斗，古榕树起吊的日子到来了。起吊施

图 6-28　笔者站在庞大的 800t 起重机下面

图 6-29　巨大的吊臂，安装要 10d 时间

图 6-30　古榕树修剪前（2022 年 4 月 11 日）

图 6-31　古榕树修剪后（2022 年 7 月 28 日）

图 6-32　严格执行只疏枝不短截的修剪方式

工人员和古树迁移施工人员紧密配合，将起吊钢缆小心翼翼地穿过树冠，抵达起吊承重钢管处。这个过程耗费了整整半天的时间，期间为了避免起吊钢缆损伤树冠枝条，钢缆位置作了多次的小心调整（图 6-33 ~ 图 6-36）。

中午 13 点 36 分，古榕树顺利起吊离土。起重机仪器显示起吊总重量为 387t。当古榕树的土球底部升至离地面 2m 左右的高度后，吊臂带着古榕树旋转 180°，指向定植地点。然后起重机带着古榕树前进 60m 左右，在 15 点 06 分将古榕树徐徐放到准备好的树穴当中，全程耗时 90min（图 6-37 ~ 图 6-42）。

古榕树落地后，后续工作还有：拆除、抽出所有的钢架、顶管、钢梁等钢材，回收备用；回填种植土，分层夯实；连接原来树冠上的喷雾装置，维持两周左右的必要时（大太阳）喷雾补水工作；补施促根剂等措施。

图 6-33　起重机要走的钢板路

图 6-34　起吊钢缆小心穿过树冠

图 6-35　古榕树起吊前的全景图

图 6-36　2022 年 8 月 17 日 13:36 古榕树顺利吊离

图 6-37　古榕树升起

图 6-38　古榕树旋转 180°

图 6-39　古榕树准确入穴

图 6-40　一个月后的古榕树恢复情况

图6-41 2023年2月24日古榕树恢复情况　　图6-42 2023年3月31日古榕树恢复情况

六、整体移植小结

（一）适用范围

整体移植技术适合于近距离的，无障碍限制冠幅的重要树木或超大树木迁移。该技术能给这些重要树木最好的生存保障，让它们在新的定植地点享尽天年。因此，就近整体移植是重要建设项目确实无法避让时最好的选择。长距离迁移运输则困难重重，桥底、收费站的净高净宽严重限制及损害了迁移时的树冠完好率以及树木后续的良好生长。除非有重型直升机进行垂直吊运才能避过这些障碍。

（二）修剪要求

整体移植成活率和树冠完好率必须并重。特别是树冠完好率，它是整体移植成功的重要标志，也是迁移后树木能够确保生存质量、树形美态和享尽天年的重要一环。因此，移植期修剪必须严格控制修剪量和修剪质量。如修剪方法必须用疏枝，不能短截；可以修剪徒长枝、病虫枝、内膛枝等不利于树木生长的枝条，其他枝条原则上保留；修剪量的控制，树高绝对不能降低，树冠修窄少于原冠幅的15%，总修剪量少于总枝叶量15%；树冠完好率（不同方向的立面投影面积）不低于原立面投影面积的80%；修剪要用三锯法，枝条基部的膨大部分要保留，枝条切口要做防腐处理。

（三）定植要求

定植地点应为规划绿地，古树名木要确保定植地点树冠外 5m 的控制保护范围为规划绿地而不是铺装、道路和建筑；定植地点的土壤要符合本地园林种植土的要求并与树木原来种植地的土壤理化性质相近，不符合要求的采用客土或改土的方法至土壤达到种植标准为止；树穴的宽度应比土球大 1～3 倍，树穴深度应比土球大 1 倍以上。定植后要做好有效支撑，确保根系全面恢复之前不会有倒伏的风险，支撑可在两年后逐步撤走。

（四）土球要求

土球直径应不少于胸径或地径的 4～8 倍，可酌情视胸径的增大而递减；土球深度应在 1.5m 至 3m 之间，可酌情视胸径和冠幅的增大而增大；土球的包装先用麻包布或包装棉布作为根系和土壤保湿的内包装层。土球的外包装，即土球紧固包装可用钩花铁网，直径超过 2.5m 的土球应在外包装的基础上用钢架作为土球保护和起吊承重结构。土球的切底技术是关键，3m 直径以下的土球可用传统的半球形的土球的"偷底"做法，超过 3m 直径的超大土球推荐用顶管技术，顶管既是切底用的工具，也是土球底部外包装的结构。

（五）起吊要求

起吊钢缆不能以土球、主干或枝条作为受力点，钢缆穿过树冠时要小心调整，避开枝条，比较接近钢缆的枝条处要预先做好保护包裹措施，宁可白做，也要以防钢缆起吊时损伤枝条。主干或主枝要与起吊钢架有适当的支撑联络，确保起吊时树冠土球形成一相对稳固的整体，不易晃动。起吊时间要选择无雨、微风的天气，速度要缓慢稳妥，确保树体安全。树穴的所有准备工作要在起吊前完成，确保起吊到入穴定植以最短的时间完成。

（六）养护要求

精细的养护从移植进场开始延续到养护期结束。养护期最好要求不少于 3 年（广州对古树及后备资源移植的养护要求是 5 年）。适当地在土球开挖前使用核能素、脱落酸等提高植物抗逆性的植物激素；抗蒸腾剂在开挖前第一次使用，如遇雨可在雨后补喷一次；促根激素在开挖前后使用，开挖后的一个月内可补施一到两次；遮阳网和喷雾装置可酌情使用，但不建议使用太长时间，特别是遮阳网。基肥用腐熟有机肥为宜，在树穴的底土回填及土球周边土回填中分层施用，并酌情对树冠施用根外追肥。病虫害防治在移植树木长势恢复前是重中之重，要加强病虫害的预测、巡查和精准防治。防治方法应采用综合防治、栽培防治以及有效控制等新理念新方法，不用剧毒农药、禁用农药和赶尽杀绝的过时虫害防治理念。

参考文献

REFERENCES

[1] Davenport D C，Uriu K，et al. Anti-transpirants Increase Size，Reduce Shrivel of Olive Fruits [J]. Calif. Agric.，1972，26：6-8.

[2] Abou-Khaled A，Hagan R M，et al. Effects of Kaolinite as a Refiective Antitranspirant on Leaf Temperature，Transpiration，Photosynthesis and Water Use Efficiency[J]. Water Resour. Res.，1970（6）：280-289.

[3] Dewayne L. Effect of Antitranspirants and a Water Absorbing Polymer on the Establishment of Transplanted Live Oaks[J]. Institute of Food and Agricultural Sciences，University of Florida，1986（5）:173-181.

[4] Sagta H C，Nautiyal S. Effect of Water Stress and Antitranspirant on Chlorophyll Contents of Dalbergia Sissoo Roxb[J]. Indian Forester，2002，128:893-902.

[5] Plaut Z. Antitranspirants: Film-Forming Types[J].Encyclopedia of Water Science，2004（7）:282-299.

[6] 熊巨龙. 对河姆渡遗址第一期文化"三叶纹""五叶纹"淘块的几点看法 [J]. 东方博物，2006（19）:62-65.

[7] 郭学望，包满珠. 园林树木栽植养护学 [M]. 北京：中国林业出版社，2002.

[8] 王一鸣. 我国抗蒸腾剂的研究和应用 [J]. 腐植酸，2000（4）：35-40.

[9] 郑智礼. TCP 植物蒸腾抑制剂的机理和应用技术 [J] 林业科技，2005（20）：18-19.

[10] 曾梅. 植物蒸腾抑制剂对紫叶小檗成活率的影响 [J]. 果树花卉，2007（3）：25-26.

[11] 韩红梅，张胜. 大树移栽保活技术 [J]. 现代园艺，2008（5）：42-43.

[12] 张乔松，等. 大树免修剪移植技术——一种颠覆传统的树木移植技术 [J]. 中国园林，2009：（3）.

[13] 中国农业百科全书编辑委员会林业卷编辑委员会. 中国农业百科全书：林业卷 上 [M]. 北京：中国农业出版社，1989.

[14] 农业大词典编辑委员会. 农业大词典 [M]. 北京：中国农业出版社，1998.

[15] Bernatzky A. 树木身体与养护 [M]. 陈自新，许慈安，译. 北京：中国建筑工业出版社，1987.

[16] 张东林，等. 园林绿化工程施工技术 [M]. 北京：中国建筑工业出版社，2008.

[17] 老韩. 菌肥中 24 种菌的作用及机理 [EB/OL]. （2019-01-22）[2023-03-01]. http: //www.sohu.com/a/290819079_777860.

[18] 朱登文. 菌根生物肥料的作用形式 [J]. 科技中国，2016（12）.

[19] 中科院地理科学与资源研究所. 菌根真菌有哪些类型 [EB/OL].（2007-10-24）[2023-03-01].http: //www.igsnrr.cas.cn/cbkx/kpyd/zybk/zyzy/202009/t20200910_5693212.html.

[20] 丛生.相拥古树六十载[M].天津：天津大学出版社，2019.

[21] 王名金，等.树木引种驯化概论[M].南京：江苏科学技术出版社，1990.

[22] 綦芬.福州建市树市花主题公园[EB/OL].福州新闻网.（2014-11-18）[2023-03-01].https//news.fznews. com.cn/fuzhou/20141118/546a86ea816fd_2shtml.

[23] 中华人民共和国住房和城乡建设部.园林绿化工程施工及验收规范:CJJ 822—2012[S].北京:中国建筑工业出版社， 2012.

[24] 赵德金，郭艳玲，宋文龙.国内外树木移植机械的研究现状与发展趋势[J].安徽农业科学，2014，42（18）:6064 - 6067.

[25] 小叶子.全自动挖树机器，连挖带打包分分钟搞定[EB/OL].花木网.（2018-11-22）[2023-03-01].https:// news.huamu.com/zhongzhi/zaipeijishu/13169.html.

[26] 李颖.中美用苗方式差异大[N].中国花卉报，2015-3-12.

[27] 张乔松，杨伟儿.广州古树名木树龄鉴定初研[J].中国园林，1980（2）.

[28] 宋波.抑"大树进城"须转变意识[N].中国花卉报，2011-5-26.

[29] 中华人民共和国住房和城乡建设部.城市绿化和园林绿地用植物材料 木本苗：CJ/T 34—91 [S].北京：中国建筑工 业出版社，1991.

[30] 中华人民共和国住房和城乡建设部.园林绿化木本苗:CJ/T 24—2018 [S].北京：中国建筑工业出版社，2018.

[31] 欧永森.国际树木学会标准[EB/OL].[2023-03-01]. https://wenku.baidu.com/view/83928135e1bd960590c6 9ec3d5bbfd0a7956d5c6.html?_wkts_=1698050213845&needWelcomeRecommand=1.

[32] 黑熊 FM.千年秀林1到底什么是原冠苗？[EB/OL].（2018-07-27）[2023-03-01]. https://baijiahao. baidu. com./s?id=1607156551285059.

[33] 骆会欣.原冠苗，谁动了你的奶酪？[J].园林，2017（01）:36-39.

[34] 刘俊，李翼群.原冠苗木先行者[EB/OL].（2022-11-08）[2023-03-01]. https://www.weibo.com/ttarticle/p/ show?id=2309404833579069997486#_loginLayer_1698050571620.

[35] 抬头种树人.元宝枫原冠苗成长记[EB/OL].（2021-03-26）[2023-03-01]. https://www.sohu.com/ a/457434510_100267380.

[36] 陈美谕.他们种了50万株原冠苗，想在碳汇市场搏一把[N].中国花卉报，2021-11-30.

[37] 杨洪强 . 为什么说根系至关重要！因为根系就是植物的大脑！[EB/OL] . （2019-02-07）[2023-03-01]. https://www.sohu.com/a/298118597_660468.

[38] 杨杰 . 乔木矮化技术的研究进展 [J]. 热带生物学报，2022，13（6）.

[39] 候元兆 . 三北防护林之殇，三十年死亡之谜 [EB/OL] . （2018-02-05）[2023-03-01]. https://www.sohu.com/a/220964596_750320.

[40] 广州市林业和园林局 . 广州市城市树木保护管理规定（试行）[EB/OL]. 广州市林业和园林局 . （2022-01-11）[2023-03-01]. https://gz. gov.cn/gfxwj/sbmgfxwj/gzslyhylj/content/post_8019967.html.

[41] 广州市林业和园林局 . 广州市树木保护专章编制指导意见（试行）[EB/OL]. 广州市林业和园林局官网 . （2022-06-23）[2023-03-01]. lyylj. gz. gov. cn/zcfg/fifggz/content/post_8356914.html.

[42] 陈忠良，等 . 特大古侧柏保护性移栽技术创新 [J]. 中国花卉园艺，2019（8）.

[43] 张任杰 . 我国古树名木全冠整体移位技术领先国际 [J]. 城市道桥与防洪，2008（6）.

[44] 天演移位 . 浙江建德市市贸广场古樟整体平移顶升工程 [EB/OL]. （2016-08-11）[2023-03-01]. http://www. shtianyan. com. cn/page203?article_id=5.

[45] 王庚鑫，等 . 建德 386 岁古樟搬活了 [EB/OL]. （2010-06-18）[2023-03-01].https://hznews. hangzhou. com. cn/xinzheng/quxian/content/2010/06/18/content_3321993.htm.

[46] 李维和，等 . 杭州为两位"老者"搬家豪掷 400 万，相当于十几套房子！22 年前这一幕轰动全城 [N/OL]. 杭州日报官网 . （2023-01-13）[2023-03-01]. https://new. qq.com/rain/a/20230113AOAF1400.

[47] 苏梦璐，孙凛，等。发展与保护两手抓，瑞安 320 岁古榕搬"新家"[EB/OL]. 浙江新闻网 .[2023-03-01]. https://zi.zjol.cn/news. html?id=1871242.